Wachstum und Ertrag

normaler Rotbuchenbestände.

Nach den Aufnahmen

der

Preußsischen Hauptstation des forstlichen Versuchswesens

bearbeitet

von

Dr. Adam Schwappach,

Kgl. preußs. Forstmeister, Professor an der kgl. Forstakademie Eberswalde und Abteilungsdirigent
bei der preußsischen Hauptstation des forstlichen Versuchswesens.

Berlin.

Verlag von Julius Springer.

1893.

ISBN-13 : 978-3-642-98238-5   e-ISBN-13 : 978-3-642-99049-6
DOI : 10.1007/978-3-642-99049-6

Softcover reprint of the hardcover

Vorwort.

Im Nachstehenden übergebe ich die Ertragstafeln für die
Rotbuche als das Ergebnis siebenjähriger Arbeit der preufsischen
Hauptstation des forstlichen Versuchswesens dem forstlichen
Publikum mit dem Wunsch und in der Hoffnung, dafs die
Früchte dieser Thätigkeit für die Wirtschaft Unterstützung und
Anregung gewähren, für die Wissenschaft aber nicht nur einen
Beitrag zur forstlichen Statik, sondern auch zur wissenschaft-
lichen Begründung der Lehre vom Waldbau bilden mögen!

Gleichzeitig spreche ich den Herren Regierungs- und Lokal-
forstbeamten, welche mich auf meinen Reisen behufs Auswahl
und Besichtigung von Probeflächen in äufserst zuvorkommender
Weise unterstützt und begleitet haben, öffentlich meinen ver-
bindlichsten Dank aus. In ganz besonderer Weise fühle ich
mich hierzu auch meinem langjährigen Assistenten und Mit-
arbeiter, dem nunmehrigen Königl. Oberförster Herrn Fricke,
gegenüber verpflichtet, welcher nicht nur die neuen Aufnahmen
fast sämtlich allein und in der sorgfältigsten Weise vorgenommen,
sondern mich auch bei den umfangreichen und mühevollen Berechnungen auf das beste unterstützt hat.

Eberswalde im Mai 1893.

Dr. Schwappach.

Inhalt.

I. Grundlagenmaterial.

Die Ertragsuntersuchungen in Buchenbeständen haben in Preußen im Jahr 1882 begonnen, nur 8 Probeflächen waren bereits in den Jahren 1877 und 1878 angelegt worden. Während der Jahre 1882—1885 fanden die ersten Aufnahmen statt, deren Ergebnisse jedoch nicht veröffentlicht wurden. Nachdem in den folgenden Jahren die Neuaufnahme der Kiefern- und Fichtenertragsprobeflächen den wichtigsten Teil der Thätigkeit der Hauptstation gebildet hatte, wurde 1890 die wiederholte Aufnahme und angemessene Erweiterung der Buchenertragsprobeflächen in Angriff genommen und während der drei Jahre 1890 bis 1892 zu Ende geführt.

Es liegen nunmehr für 139 Flächen (hierunter 4 Durchforstungsversuchsflächen) die Aufnahmsergebnisse vor, von diesen sind

  18 Flächen einmal
110   „   zweimal
  10   „   dreimal
   1   „   viermal aufgenommen.

Während der Jahre 1890—92 wurden alle Aufnahmen nach der von mir im Jahre 1891 beschriebenen Methode[1]) vorgenommen. Es sind also jetzt auf sämtlichen Flächen die Stämme numeriert und die Messpunkte dauerhaft mit Ölfarbe bezeichnet. Die Stammgrundfläche ist durch Kluppen über Kreuz auf Millimeter genau festgestellt und die Massenermittelung unter Benutzung der auf das sorgfältigste festgestellten Formzahlen erfolgt.

---

[1]) Zur Methode der Massenermittelung bei forstlichen Versuchsarbeiten. Zeitschr. f. Forst- u. Jagdwesen, 1891. S. 517.

Die Zuwachsberechnung für die letzten 5—7 Jahre ist überall bezüglich der Kreisflächen durch Zuwachsuntersuchungen an zahlreichen Stämmen, bezüglich des Höhenzuwachses durch Messung der Längstriebe und hinsichtlich der Formzahlveränderung auf Grund vielfacher Stammanalysen ausgeführt worden. Die Ergebnisse dieser Erhebungen wurden mit jenen der ersten Aufnahme kombiniert und haben, soweit nötig, zu einer Korrektur derselben geführt.

Diese Methode, bezüglich deren Einzelheiten auf den oben angeführten Artikel verwiesen wird, ermöglicht auch an nur einmal aufgenommenen Flächen rückwärts die Entwicklung der massenbildenden Elemente des jetzt vorhandenen Hauptbestandes, sowie unter Berücksichtigung des Durchforstungsmateriales, den laufenden Gesamtzuwachs zu ermitteln. Auf Untersuchung dieses letzteren Elementes ist ganz besondere Sorgfalt verwendet worden und zeigt infolgedessen die Betrachtung des bei allen wiederholt aufgenommenen Flächen beigefügten laufendjährigen Zuwachses die naturgemäße Vermehrung der Anfangsmasse, während die bloße Gegenüberstellung der jeweiligen Hauptbestandsmassen nicht selten für die späteren Aufnahmen eine Verminderung ergiebt.

Diese befremdliche und von verschiedenen Seiten mit abfälligen Bemerkungen über die Arbeiten der forstlichen Versuchsanstalten hervorgehobene Erscheinung ist nur teilweise eine Folge der bisher üblichen Aufnahmemethode, in der Mehrzahl der Fälle wird sie vielmehr durch die Art und Weise der Durchforstung bedingt, welche der Aufnahme vorausgegangen ist.

Wurde z. B. bei der ersten Aufnahme verhältnismäßig schwach, vor der nächsten aber ziemlich stark durchforstet, so wird nur eine geringe Mehrung und unter Umständen sogar eine Verminderung der Hauptbestandsmasse zu verzeichnen sein, im umgekehrten Falle ist die Massenmehrung eine verhältnismäßig bedeutende.

Da die Stärke der Durchforstungen trotz der sorgfältigsten Definitionen und Instruktionen im hohen Grade von der individuellen Ansicht und selbst bei der gleichen Person von wechselnden äußeren Einflüssen abhängt, da ferner die Flächen doch nur ausnahmsweise so vollkommen normal sind, daß nicht Zweifel über Entnahme oder Belassung einzelner schlechtgeformter Stämme entstehen könnten, so werden derartige Schwankungen niemals ganz zu vermeiden sein. Die hieraus entstehenden mifslichen Folgen werden aber verschwinden, wenn man bei den Erhebungen nicht nur, wie es bisher fast ausschliefslich der Fall war, blos auf die Ermittlung der Hauptbestandsmasse, sondern auf die Untersuchung des laufenden Zuwachses das Hauptgewicht legt. Dafs die Methode der Aufnahme und Berechnung soweit als möglich verfeinert werden mufs, ist selbstverständlich, und sei hierzu noch bemerkt, dafs das im Arbeitsplane für Aufstellung von Ertragstafeln vorgeschriebene Urich'sche Verfahren trotz seiner Richtigkeit keineswegs allen für genaue wissenschaftliche Untersuchungen zu stellenden Anforderungen genügt.

Eine weitere Bedingung für gute Arbeit liegt auch in der Sicherung der gleichmäfsigen Auszeichnung der Durchforstung. Für die vorliegende Arbeit ist dieses dadurch erreicht worden, dafs mein bisheriger Hilfsarbeiter, der nunmehrige Oberförster Herr Fricke, sämtliche Erhebungen, mit Ausnahme einer durch militärische Dienstleistung für wenige Wochen veranlafsten Stellvertretung, selbst besorgte. Aus dem gleichen Grunde sind jetzt die Vorkehrungen getroffen, dafs der Regel nach in Preufsen alle Durchforstungen auf den ständigen Versuchsflächen nur durch Beamte der Hauptstation ausgezeichnet werden.

Auf die Ergebnisse der neuen Aufnahmemethode im einzelnen einzugehen, wird sich in den weiteren Ausführungen Gelegenheit bieten.

. Die aufgenommenen Flächen verteilen sich in folgender Weise auf die verschiedenen Regierungsbezirke und Bonitäten:

Regierungsbezirk	Zahl der Flächen für Bonität					
	I	II	III	IV	V	Im ganzen
Potsdam	8	5	1	—	—	14
Stettin	5	3	—	—	—	8
Cöslin	—	1	—	—	—	1
Frankfurt a. O.	1	2	—	—	—	3
Schleswig-Holstein	15	5	1	—	—	21
Wiesbaden	1	7	10	7	6	31
Kassel	—	3	10	3	—	16
Trier	1	2	—	3	-	6
Minden	4	6	—	—	—	10
Hannover	5	1	2	1	1	10
Hildesheim	4	2	2	1	1	10
Erfurt	—	4	1	2	—	7
Herzogtum Anhalt	—	—	2	—	—	2
	44	41	29	17	8	139

Vorstehende Zusammenstellung zeigt, dafs die Versuchsflächen sich auf zwei grofse Gebiete verteilen, nämlich einerseits auf das norddeutsche Tiefland, und hier wieder vorwiegend auf die Provinz Schleswig-Holstein, andererseits auf das west- und mitteldeutsche Berg- und Hügelland; zur ersten Gruppe gehören rund 34 % und zur zweiten 66 % der aufgenommenen Flächen.

Unter diesen Umständen lag die Frage vor, ob nicht bei Aufstellung der Ertragstafeln eine gesonderte Behandlung derselben erforderlich sei? Besonders auffallend erscheint es namentlich, dafs unter den im Tiefland gelegenen Flächen die I. und II. Bonität fast allein vertreten sind. Von den 44 Flächen der I. Bonität liegen nur 15, also etwa ein Drittel, im Gebirge, während von den 54 Flächen der III., IV. und V. Bonität nur 2 Flächen III. Bonität der Ebene angehören.

Die diesbezüglichen vergleichenden Zusammenstellungen haben jedoch keinen durchgreifenden Unterschied zwischen beiden Gruppen, und zwar weder im Entwicklungsgange der Masse, noch in jenem der massenbildenden Faktoren, erkennen lassen, so dafs eine gemeinschaftliche Bearbeitung als zulässig erschien. Diese Auffassung wird auch noch durch die Vergleichung der abgeleiteten Tafeln mit den Baur'schen[1]) bestätigt, indem sich trotz der weiter unten noch näher zu besprechenden Unterschiede eine solche Übereinstimmung zwischen beiden in den wichtigsten Elementen erkennen läfst, dafs nach den zur Zeit vorliegenden Untersuchungen ein ziemlich gleichmäfsiger Entwicklungsgang dieser Holzart für ganz Deutschland angenommen werden darf. Dieses Verhältnis ist wohl grofsenteils eine Folge der wenigstens bis zur neuesten Zeit gerade bezüglich der Buche herrschenden Übereinstimmung hinsichtlich der Wirtschaftsgrundsätze.

Der Umstand, dafs in der norddeutschen Tiefebene fast ausschliefslich nur die I. und II. Bonität vertreten sind, dürfte ganz wesentlich dadurch zu erklären sein, dafs die Buche hier von jeher nur auf den besten Standorten rein vorgekommen ist und sich auch blofs hier als herrschende Holzart behauptet hat, während auf den geringeren Standorten die Kiefer die Oberhand besessen oder doch im Laufe der Zeit errungen hat. Andererseits darf aber auch gefolgert werden, dafs das feuchte Seeklima von

---

[1]) Baur, Die Rotbuche in Bezug auf Ertrag, Zuwachs und Form, Berlin 1881.

Schleswig-Holstein und der Ostseeküste in Verbindung mit kräftigem, meist mergelhaltigem Boden dem Gedeihen der Buche am günstigsten ist; im Gebirge macht sich in ähnlicher Weise eine entschiedene Vorliebe der Buche für Kalk geltend. In diesem Gebiete zeigt vor allem das sogenannte Wesergebirge und außerdem das Kohlenbecken von Saarbrücken das vorzüglichste Wachstum.

Bezüglich der Behandlungsweise der Flächen ist zu bemerken, daß bei der ersten Aufnahme die Durchforstung den Bestimmungen des Arbeitsplanes entsprechend „holzartengemäß", also nach den damals noch vorherrschenden Anschauungen „mäßig" ausgeführt wurde, soweit nicht von seiten der Revierverwaltungen schon schärfer eingegriffen war. Im Jahre 1885 sind alsdann von der Hauptstation allgemeine Vorschriften über die Durchforstung der Ertragsprobeflächen in Preußen erlassen worden, denen zufolge die Buche in der Jugend „mäßig", vom Baumholzalter an aber „stark" zu durchforsten ist.

Dieser Grundsatz ist auch bei den wiederholten Aufnahmen festgehalten worden, und sind nunmehr die älteren Flächen sämtlich „stark" durchforstet. Um jedoch die Unregelmäßigkeiten zu vermeiden, welche sich bei der Bearbeitung durch die Kombination verschiedener Durchforstungsgrade ergeben haben würden, sind, mit Ausnahme einiger weniger Flächen, bei der Neuaufnahme die Materialanfälle sowohl als die Zusammensetzung des Hauptbestandes für die beiden Durchforstungsgrade gesondert verbucht und ebenso auch in Tabelle I mitgeteilt worden. In den Zahlen für die starke Durchforstung sind die Ergebnisse der mäßigen Durchforstung nochmals mit inbegriffen. Die Angaben für die starke Durchforstung allein, d. h. für die Stämme der Klasse IVa, können aus der Differenz der beiden Zahlen ermittelt werden.

Der Kürze halber wird fernerhin diejenige Behandlungsweise der Bestände, bei welcher im Stangenholzalter „mäßig", im Baumholzalter aber „stark" durchforstet wird, als starke Durchforstung bezeichnet werden, im Gegensatze zu der während des ganzen Bestandeslebens mäßig geführten Durchforstung.

Unter Bezugnahme auf vielseitige Diskussionen beim Besuch der Flächen füge ich hier noch bei, daß hinsichtlich der Behandlung der schlechtgeformten Stämme, der sog. „Protzen", bei den Arbeitern der Hauptstation folgendes Verfahren eingehalten wird: Flächen, auf denen derartige Stämme in größerer Anzahl vorkommen, können als „normal" nicht betrachtet werden, im übrigen sind vereinzelt vorhandene schlechtgeformte Stämme so frühzeitig als möglich zu entfernen. In Altbeständen, wo ein Wiedereintreten des Schlusses und ein Ersatz des Zuwachsverlustes durch gesteigerte Thätigkeit der umgebenden Stämme entweder überhaupt nicht mehr oder erst nach sehr langer Zeit zu erwarten steht, werden sie jedoch belassen. Die Anfälle an derartigen Aushieben werden gesondert verbucht. Dieses ist, abgesehen von formellen Gründen, auch deshalb notwendig, weil die Ermittelung des laufenden Zuwachses sich auch auf das Durchforstungsmaterial erstreckt, diese „Protzen" aber einen viel stärkeren Zuwachs haben, als die im Wege der regulären Durchforstung genutzten Stämme.

Bei den Aufnahmen im Jahre 1892 ist auch reiches Material zur Ermittelung der Druckfestigkeit und des spezifischen Gewichts der Buche gesammelt worden. Die Bearbeitung desselben wird jedoch noch längere Zeit in Anspruch nehmen, da vor Erlangung des für die Vornahme der Druckproben nötigen Trockengrades etwa ein Jahr verstreicht. Die Mitteilung dieser Resultate muß daher einer besonderen Veröffentlichung vorbehalten bleiben und wird sich die folgende Arbeit nur auf das Volumen beziehen.

In Tabelle I sind die Flächen nach den Bonitätsklassen eingetragen, welchen sie nach ihrer Höhe angehören.

Übersicht

über die den Ertragstafeln zu Grunde liegenden
Massenermittelungen.

Abkürzungen.

**1. Mineralische Zusammen-
setzung.**

L. = Lehm,
S. = Sand,
s. L. = sandiger Lehm,
lhm. S. = lehmiger Sand,
Th. = Thon,
K. = Kalk.

2. Steinbeimengung.

st. = steinig,
s. st. = sehr steinig,
G. = Geröll.

3. Gründigkeit.

fl. = flachgründig,
mt. = mitteltief,
t. = tiefgründig,
s. t. = sehr tiefgründig.

4. Bindigkeit.

f. = fest,
str. = streng,
m. = mild,
l. = locker.

5. Frische.

n. = nass,
fe. = feucht,
fr. = frisch,
tr. = trocken.

6. Lage.

a. = eben,
b. Neigung nach N. = Norden,
E. = Osten, S. = Süden, W. =
Westen, N. E. = Nord-Osten,
N. W. = Nord-Westen, S. E. =
Süd-Osten, S. W. = Süd-Westen,
c. Die Zahlen bedeuten die abso-
lute Höhe der Versuchsflächen.

Lfd. Nr.	Namen der Oberförstereien und Regierungsbezirke, Nummer der Jagen sowie Beschreibung der Versuchsfläche	Durchforstungsart im Jahre
	I. Bonität.	
1	**Reinfeld,** Jag 71, Prov. Schleswig-Holstein, norddeutsche Tiefebene, Diluvium. L. t. str. fr. eb. 35 m	1883 mäfsig 1890 „
2	**Kupferhütte,** Distr. 115, Reg.-Bez. Hildesheim, Harz, Muschelkalk. K. s. st. mt. m. fr. S.W. 401 m	1884 „ 1892 „
3	**Klütz,** Jag 45, Reg.-Bez. Stettin, norddeutsche Tiefebene, Diluvium. S. s. t. l. fr. eb. 50 m	1883 „ 1890 „
4	**Reinfeld,** Jag 81, Prov. Schlesw.-Holstein, norddeutsche Tiefebene, Diluvium. L. t. m. fr. eb. 35 m	1883 „ 1890 „
5	**Coppenbrügge,** Distr. 43, Reg.-Bez. Hannover, Wesergebirge, Jura. K. st. t. m. fr. eb. 300 m	1885 „ 1892 „
6	**Lagow,** Jag 28, Reg.-Bez. Frankfurt, norddeutsche Tiefebene, Diluvium. lhm. S. t. m. fr. S. 50 m	1882 „ 1890 „
7	**Reinfeld,** Jag 90, Prov. Schlesw.-Holstein, norddeutsche Tiefebene, Diluvium. L. t. str. fr. eb. 50 m	1883 „ 1890 „
8	**Oberzell,** Distr. 132, R.-Bez. Cassel, Rhöngebirge, Basalt. L. st. t. m. fr. N. 450 m	1885 „ 1891 „
9	**Mühlenbeck,** Jag 51a, Reg.-Bez. Stettin, norddeutsche Tiefebene, Diluvium. lhm. S. s. t. m. fr. eb. 40 m	1883 „ 1890 „ 1890 stark
10	**Reinfeld,** Jag 67, Prov. Schlesw.-Holstein, norddeutsche Tiefebene, Diluvium. L. t. st. fr. eb. 35 m	1883 mäfsig 1890 „ 1890 stark
11	**Zersen,** Distr. 76, Reg.-Bez. Minden, Wesergebirge, Jura. L. st. mt. m. fr. E. 325 m	1878 mäfsig 1885 „ 1892 „
12	**Gramzow,** Jag 49, Reg.-Bez. Potsdam, norddeutsche Tiefebene, Diluvium. S. t. l. fr. S. 60 m	1882 „ 1890 „ 1890 stark
13	**Glambeck,** Jag 82, Reg.-Bez. Potsdam, norddeutsche Tiefebene, Diluvium. lhm. S. st. mt. m. fr. N. 40 m	1882 mäfsig 1890 „ 1890 stark
14	**Glambeck,** Jag 147, Reg.-Bez. Potsdam, norddeutsche Tiefebene, Diluvium. lhm. S. t. l. fr. eb. 40 m	1882 mäfsig 1890 „ 1890 stark

	Des Hauptbestandes				Periodischer Ertrag der Zwischennutzung					Periodischer Durchschnittszuwachs	
Alter	Stamm-zahl	Kreis-fläche	Höhe	Derb-holz	Dauer der Periode	Stamm-zahl	Kreis-fläche	Höhe	Derb-holz	Kreis-fläche	Derb-holz
		qm	m	fm	Jahre		qm	m	fm	qm	fm
34	2544	19,60	11,45	81,71	—	—	—	—	—	}1,003	9,28e
40	1908	22,62	13,70	130,41	6	636	3,00	10,1	6,98		
32	3564	13,63	11,0	39,09	—	—	—	—	—	}1,095	9,96
40	2720	19,92	14,1	115,19	8	844	2,48	11,0	3,56		
36	3416	23,54	11,95	107,98	—	—	—	—	—	}1,215	12,00
42	2340	26,78	13,8	170,87	6	1076	4,05	11,0	9,25		
41	1748	18,97	13,9	109,32	—	—	—	—	—	0,903	9,86
47	1608	23,55	16,05	164,60	6	140	0,85	11,5	3,90		
40	2920	20,12	13,1	98,79	—	—	—	—	—	0,992	10,57
47	2072	23,67	15,96	164,57	7	848	3,39	12,8	8,18		
45	2620	29,27	16,0	198,98	—	—	—	—	—	0,865	11,97
53	1756	31,10	18,5	275,49	8	864	5,09	13,0	19,23		
48	1412	26,66	17,5	212,93	—	—	—	—	—	0,911	12,95
54	1180	27,90	19,6	254,62	6	1232	4,23	18,1	35,98		
50	2824	33,40	18,5	284,98	—	—	—	—	—	0,846	13,72
56	1404	29,21	21,9	319,31	6	420	9,26	14,4	48,02		
52	1288	32,21	19,8	311,78	—	—	—	—	—	1,040	17,10
58	1012	34,90	22,2	383,61	6	276	3,55	19,0	30,71		
58	904	32,86	22,25	362,39	6	384	5,59	19,8	51,93		
53	1064	30,07	19,2	273,18	—	—	—	—	—	0,936	14,74
59	928	33,52	21,3	343,20	6	136	2,17	18,0	18,42		
59	860	32,22	21,5	331,06	6	204	3,47	19,2	30,56		
46	2344	29,41	14,9	186,18	—	—	—	—	—	}1,219	14,83
53	1692	32,15	18,0	267,36	7	652	5,79	13,0	22,62	}1,004	14,52
60	1224	34,39	20,3	337,66	7	468	4,79	17,1	31,36		
54	1163	25,16	18,1	215,00	—	—	—	—	—	0,828	11,40
61	917	28,09	20,45	275,50	7	246	2,86	16,6	19,49		
61	819	25,82	20,50	253,84	7	344	5,13	17,6	41,15		
56	1270	31,28	19,8	298,18	—	—	—	—	—	0,680	11,60
63	690	28,37	22,3	322,82	7	580	7,66	18,0	56,60		
63	603	25,74	22,6	297,35	7	667	10,29	18,3	82,07		
56	1577	29,21	17,7	246,25	—	—	—	—	—	0,739	11,04
63	860	27,87	21,2	279,39	7	717	6,52	15,8	44,16		
63	777	25,11	21,4	254,49	7	800	9,28	16,8	69,06		

Lfd. Nr.	Namen der Oberförstereien und Regierungsbezirke, Nummer der Jagen sowie Beschreibung der Versuchsfläche	Durchforstungsart im Jahre
15	**Reinfeld**, Jag 65, Prov. Schlesw.-Holstein, norddeutsche Tiefebene, Diluvium. L. t. str. fr. eb. 35 m	1883 stark 1890 „
16	**Coppenbrügge**, Distr. 34, Reg.-Bez. Hannover, Wesergebirge, Jura. s. L. t. m. fr. E. 400 m	1885 mäfsig 1892 stark
17	**Gramzow**, Jag 19, Reg.-Bez. Potsdam, norddeutsche Tiefebene, Diluvium. lhm. S. t. l. fr. eb. 40 m	1882 mäfsig 1890 „ 1890 stark
18a¹) 18b²)	**Freienwalde**, Jag 195, Reg.-Bez. Potsdam, norddeutsche Tiefebene, Diluvium. s. L. s. t. m. fr. eb. 60 m	1888 stark 1892 vor der Durchforstung 1892 stark 1888 mäfsig 1892 vor der Durchforstung 1892 mäfsig
19	**Bordesholm**, Jag 21, Prov. Schleswig-Holstein, norddeutsche Tiefebene, Diluvium. L. s. t. m. fr. eb. 40 m	1893 „ 1890 „ 1890 stark
20	**Gramzow**, Jag 32, Reg.-Bez. Potsdam, norddeutsche Tiefebene, Diluvium. lhm. S. mt. l. fr. E. 40 m	1882 mäfsig 1890 „ 1890 stark
21	**Reinfeld**, Jag 83, Prov. Schlesw.-Holstein, norddeutsche Tiefebene, Diluvium. L. t. m. fr. eb. 35 m	1883 mäfsig 1890 „ 1890 stark
22	**Mühlenbeck**, Jag 130b, Reg.-Bez. Stettin, norddeutsche Tiefebene, Diluvium. lhm. S. s. t. m. fr. eb. 40 m	1883 mäfsig 1890 stark
23	**Mühlenbeck**, Jag 168, Reg.-Bez. Stettin, norddeutsche Tiefebene, Diluvium. lhm. S. s. t. m. fr. eb. 40 m	1883 mäfsig 1890 „ 1892 stark
24	**Gramzow**, Jag 44, Reg.-Bez. Potsdam, norddeutsche Tiefebene, Diluvium. lhm. S. mt. l. fr. S.E. 60 m	1882 mäfsig 1890 „ 1890 stark
25	**Reinfeld**, Jag 32, Prov. Schlesw.-Holstein, norddeutsche Tiefebene, Diluvium. L. t. f. fr. eb. 35 m	1883 „ 1890 „
26	**Reinfeld**, Jag 61, Prov. Schlesw.-Holstein, norddeutsche Tiefebene, Diluvium. L. t. m. fr. eb. 35 m	1883 mäfsig 1890 „ 1890 stark
27	**Saarbrücken**, Distr. 95, Reg.-Bez. Trier, Saarkohlenbecken, Kohlensandstein, s. L. s. t. m. fr. N.E. 316 m	1886 mäfsig 1891 „ 1891 stark

¹) ²) Durchforstungsversuchsfläche.

Des Hauptbestandes					Periodischer Ertrag der Zwischennutzung					Periodischer Durchschnittszuwachs	
Alter	Stammzahl	Kreisfläche	Höhe	Derbholz	Dauer der Periode	Stammzahl	Kreisfläche	Höhe	Derbholz	Kreisfläche	Derbholz
		qm	m	fm	Jahre		qm	m	fm	qm	fm
57	837	29,06	19,65	252,53	—	—	—	—	—	}0,848	13,05
63	797	33,61	21,60	327,99	6	40	0,54	17,1	2,60		
59	1044	29,18	20,1	297,87	—	—	—	—	—	}0,635	10,59
66	840	29,66	22,2	334,23	7	204	3,96	20,7	37,8		
60	1213	32,37	20,3	316,00	—	—	—	—	—	}0,651	11,30
67	893	32,85	22,3	362,00	7	320	4,08	19,7	33,22		
67	768	29,50	22,4	326,00	7	445	7,43	20,3	68,73		
63	612	25,54	22,5	275,84	—	—	—	—	—	}0,783	13,08
67	612	28,67	23,65	328,17	—	—	—	—	—		
67	500	25,31	24,0	292,85	4	112	3,36	21,0	35,32		
63	708	27,16	22,4	292,02	—	—	—	—	—	}0,760	13,05
67	708	30,20	23,55	344,23	—	—	—	—	—		
67	596	27,56	23,6	314,66	4	112	2,64	20,5	29,57		
61	956	32,33	21,1	314,47	—	—	—	—	—	}0,713	12,80
68	828	35,48	23,5	388,93	7	128	1,84	18,0	15,50		
68	752	31,88	23,50	348,97	7	204	5,44	21,4	55,46		
62	691	29,57	24,8	357,00	—	—	—	—	—	}0,602	12,90
69	533	29,96	27,6	406,00	7	158	3,84	21,7	40,81		
69	448	27,16	27,8	372,00	7	243	6,64	24,0	75,22		
69	538	28,43	22,3	300,87	—	—	—	—	—	}0,552	10,55
75	516	31,19	23,8	358,74	6	22	0,55	20,5	5,44		
75	458	29,13	23,9	336,91	6	80	2,61	21,7	27,27		
72	848	28,00	23,5	316,27	—	—	—	—	—	}0,501	10,30
78	668	28,28	25,5	351,43	6	180	2,74	20,0	26,74		
73	1104	34,12	23,7	382,75	—	—	—	—	—	}0,528	11,60
79	1052	36,52	25,4	446,58	6	52	0,77	16,3	6,04		
81	792	32,05	—	—	1,5	260	5,37	—	58,80	—	—
73	928	36,70	23,0	408,10	—	—	—	—	—	}0,596	11,50
80	712	36,39	24,8	443,50	7	216	4,48	21,0	45,19		
80	616	33,19	24,9	406,09	7	312	7,68	23,0	82,63		
75	528	39,73	28,9	516,48	—	—	—	—	—	}0,558	12,58
81	434	40,75	30,4	565,41	6	94	2,33	25,0	26,56		
76	704	37,87	25,0	440,14	—	—	—	—	—	}0,637	12,54
82	668	40,79	26,4	505,58	6	36	0,89	23,4	9,81		
82	556	37,11	26,6	463,15	6	148	4,58	24,3	52,24		
77	558	31,92	28,7	433,57	—	—	—	—	—	}0,640	13,98
82	478	32,96	30,3	478,46	5	80	2,15	24,3	25,00		
82	364	28,81	30,45	420,28	5	192	6,31	27,6	83,18		

Lfd. Nr.	Namen der Oberförstereien und Regierungsbezirke, Nummer der Jagen sowie Beschreibung der Versuchsfläche	Durchforstungsart im Jahre
28	**Mühlenbeck**, Jag 170, Reg.-Bez. Stettin, norddeutsche Tiefebene, Diluvium. lhm. S. s. t. m. fr. S. 40 m	1883 mäfsig 1890 „ 1890 stark
29	**Sonderburg**, Jag 13, Prov. Schleswig-Holstein, Insel Alsen, Diluvium. L. s. t. str. fr. eb. 10 m	1883 „ 1890 „
30	**Reinfeld**, Jag 70, Prov. Schlesw.-Holstein, norddeutscheTiefebene, Diluvium. L. t. str. fr. eb. 35m	1883 „ 1890 „
31	**Zersen**, Distr. 37, Reg.-Bez. Minden, Wesergebirge, Jura. L. mt. m. fr. eb. 340 m	1878 mäfsig 1885 „ 1892 „ 1892 stark
32	**Reinfeld**, Jag 87, Prov. Schlesw.-Holstein, norddeutsche Tiefebene, Diluvium. L. t. str. fr. eb. 35 m	1883 mäfsig 1890 „ 1890 stark
33	**Zersen**, Distr. 54, Reg.-Bez. Minden, Wesergebirge, Jura. L. t. m. fr. S.E. 205 m	1878 mäfsig 1885 „ 1892 „ 1892 stark
34	**Gramzow**, Jag 35, Reg.-Bez. Potsdam, norddeutsche Tiefebene, Diluvium. lhm. S. mt. l. fr. eb. 50 m	1882 mäfsig 1890 „ 1890 stark
35	**Sonderburg**, Jag 1, Prov. Schleswig-Holstein, Insel Alsen, Diluvium. L. s. t. m. fr. eb. 10 m	1890 mäfsig 1890 stark
36	**Flensburg**, Jag. 85, Prov. Schleswig-Holstein, norddeutsche Tiefebene, Diluvium. lhm. S. s. t. m. fr. eb. 20 m	1883 mäfsig 1890 „ 1890 stark
37	**Coppenbrügge**, Distr. 47, Reg.-Bez. Hannover, Wesergebirge, Dolomit. K. s. st. t. m. fr. eb. 300 m	1885 „ 1892 „
38	**Grohnde**, Distr. 7, Reg.-Bez. Hannover, Wesergebirge, Muschelkalk. L. s. t. l. fr. E. 160 m	1877 mäfsig 1892 „ 1892 stark
39	**Boeddeken**, Distr. 79, Reg.-Bez. Minden, Egge, Plänerkalk. L. mt. f. fr. eb. 350 m	1892 „
40	**Sillium**, Distr. 28a, R.-B. Hildesheim, Leinebege, Kreidesandstein. s. L. s. t. m. fr. E. 200 m	1879 mäfsig 1885 „ 1892 stark
41	**Kupferhütte**, Distr. 105, Reg.-Bez. Hildesheim, Harz, Muschelkalk. K. t. m. fr. eb. 395 m	1884 mäfsig 1892 stark

	Des Hauptbestandes				Periodischer Ertrag der Zwischennutzung					Periodischer Durchschnittszuwachs	
Alter	Stammzahl	Kreisfläche	Höhe	Derbholz	Dauer der Periode	Stammzahl	Kreisfläche	Höhe	Derbholz	Kreisfläche	Derbholz
		qm	m	fm	Jahre		qm	m	fm	qm	fm
78	1012	36,64	24,3	432,19	—	—	—	—	—	0,605	13,60
84	778	36,09	26,5	471,39	6	234	4,18	20,7	42,50		
84	670	32,82	26,7	433,13	6	342	7,45	22,8	80,76		
78	577	36,90	24,75	437,00	—	—	—	—	—	0,530	11,52
85	490	37,15	26,40	476,07	7	87	3,47	25,0	41,61		
81	395	36,10	27,0	429,64	—	—	—	—	—	0,589	12,86
87	300	37,06	29,2	484,73	6	95	2,58	19,1	22,08		
74	697	37,02	25,4	452,60	—	—	—	—	—	0,602	12,47
81	630	39,24	27,2	518,90	7	67	1,99	23,0	21,00		
88	534	40,29	28,9	572,20	7	96	2,96	25,5	34,80	0,572	12,59
88	493	38,39	29,0	549,00	7	137	4,86	26,2	58,00		
84	564	39,70	27,6	506,65	—	—	—	—	—	0,456	11,16
90	528	41,30	28,9	559,73	6	36	1,14	26,0	13,86		
90	440	36,88	29,1	503,16	6	124	5,57	27,0	70,43		
76	803	32,71	25,0	380,85	—	—	—	—	—	0,571	10,94
83	672	33,77	26,8	430,03	7	131	2,93	22,0	27,40		
90	575	35,05	28,4	482,79	7	97	2,58	24,5	27,17	0,551	11,42
90	494	31,92	28,6	442,59	7	178	5,71	25,6	67,37		
86	561	34,36	25,9	442,90	—	—	—	—	—	0,477	11,70
93	423	34,26	28,0	483,00	7	138	3,44	24,2	41,92		
93	360	30,88	28,1	437,70	7	201	6,82	25,4	87,24		
93	536	44,36	28,5	604,67	—	—	—	—	—	—	—
93	488	40,64	28,6	554,98	—	48	3,72	28,0	49,69		
88	616	43,28	26,2	543,80	—	—	—	—	—	0,531	11,37
95	568	45,39	27,4	606,28	7	48	1,60	22,0	17,12		
95	468	39,23	27,6	526,82	7	148	7,77	25,3	96,58		
89	533	34,70	30,5	517,42	—	—	—	—	—	0,444	9,42
96	421	32,69	31,7	508,04	7	112	5,12	30,0	75,3		
81	822	33,29	26,6	432,84	—	—	—	—	—	0,556	11,28
96	632	37,94	29,5	554,67	15	190	3,69	26,1	47,43		
96	455	31,36	29,9	464,67	15	367	10,26	27,4	137,43		
97	488	33,19	29,15	476,18	—	—	—	—	—	—	—
84	440	28,17	27,4	383,18	—	—	—	—	—	0,685	14,66
90	384	30,46	29,2	447,87	6	56	1,82	25,5	23,30		
97	304	30,47	30,8	479,58	7	80	3,62	28,3	52,18	0,517	11,84
91	537	35,67	29,2	516,40	—	—	—	—	—	0,501	11,63
99	387	32,53	30,7	503,60	8	150	7,15	29,4	105,82		

Lfd. Nr.	Namen der Oberförstereien und Regierungsbezirke, Nummer der Jagen sowie Beschreibung der Versuchsfläche	Durchforstungsart im Jahre
42	**Schleswig**, Jag 90, Prov. Schleswig-Holstein, norddeutsche Tiefebene, Diluvium. L. s. t. str. fr. eb. 10 m	1883 mäfsig 1890 „ 1890 stark
43	**Polle**, Distr. 16a, Reg.-Bez. Hannover, Weser-gebirge, Muschelkalk. K. mt. m. fr. N. 350 m	1892 „
44	**Lauenau**, Distr. 10, Reg.-Bez. Hannover, Deister, Jura. K. t. str fr. eb. 300 m	1878 mäfsig 1892 „ 1892 stark

II. Bonität.

Lfd. Nr.	Namen der Oberförstereien und Regierungsbezirke, Nummer der Jagen sowie Beschreibung der Versuchsfläche	Durchforstungsart im Jahre
45	**Elbrighausen**, Distr. 102, Reg.-Bez. Wiesbaden, Hessisches Hinterland, Thonschiefer. s. L. t. m. fr. S. 650 m	1891 mäfsig
46	**Wiesbaden**, Distr. 16, R.-B. Wiesbaden, Taunus, Quarzit. lhm. S. mt. m. fr. S.E. 279 m	1886 „ 1891 „
47	**Mühlenbeck**, Jag 115a, Reg.-Bez. Stettin, nord-deutsche Tiefebene, Diluvium. lhm. S. s. t. m. fr. eb. 40 m	1883 „ 1890 „
48	**Fischbach**, Distr. 70, Reg.-Bez. Trier, Saarkohlen-becken, Kohlensandstein. s. L. t. m. fr. S. 310 m	1886 „ 1891 „
49	**Lagow**, Jag 16, Reg.-Bez. Frankfurt a. O. nord-deutsche Tiefebene, Diluvium. lhm. S. t. m. fr. S.E. 50 m	1882 „ 1890 „
50	**Klütz**, Jag 12, Reg.-Bez. Stettin, norddeutsche Tiefebene, Diluvium. L. t. m. fr. S.W. 45 m	1883 mäfsig 1890 „
51	**Glambeck**, Jag 42, R.-B. Potsdam, norddeutsche Tiefebene, Diluvium. lhm. S. s. st. t. l. fr. S. 40 m	1882 „ 1890 „ 1890 stark
52	**Fischbach**, Distr. 65, R.-Bez. Trier, Saarkohlen-becken, Kohlensandstein. L. t. f. fr. eb. 330 m	1886 mäfsig 1891 „
53	**Reifenstein**, Distr. 31 (Fl. I), Reg.-Bez. Erfurt, Eichsfeld, Gyps. Th. t. str. fr. eb. 358 m .	1884 „ 1891 „
54	**Reifenstein**, Distr. 31 (Fl. II), Reg.-Bez. Erfurt, Eichsfeld, Gyps. Th. mt. str. fr. eb. 347 m	1884 „ 1891 „ 1891 stark
55	**Lagow**, Jag 69, Reg.-Bez. Frankfurt, norddeutsche Tiefebene, Diluvium. L. t. str. fr. S. 50 m	1882 mäfsig 1890 „
56	**Oberscheld**, Distr. 41, Reg.-Bez. Wiesbaden, Westerwald, Grünstein. L. s. st. t. m. fr. N. 534 m	1885 „ 1891 „ 1891 stark

Des Hauptbestandes					Periodischer Ertrag der Zwischennutzung					Periodischer Durchschnittszuwachs	
Alter	Stamm-zahl	Kreis-fläche	Höhe	Derb-holz	Dauer der Periode	Stamm-zahl	Kreis-fläche	Höhe	Derb-holz	Kreis-fläche	Derb-holz
		qm	m	fm	Jahre		qm	m	fm	qm	fm
97	512	44,46	27,6	570,79	—	—	—	—	—		
104	428	44,79	28,9	612,59	7	84	3,23	25,7	39,16	0,509	11,56
104	392	41,38	29,0	566,69	7	120	6,63	27,5	85,06		
107	402	36,34	32,2	580,39	—	—	—	—	—	—	—
122	474	52,16	30,7	820,25	—	—	—	—	—		
136	400	51,18	32,4	859,72	14	74	5,59	29,5	76,06	0,328	8,25
136	363	47,68	32,6	809,42	14	111	9,08	29,8	126,36		
43	3496	29,06	12,2	146,56	—	1252	3,29	8,0	—	—	—
41	3220	25,25	12,5	107,10	—	—	—	—	—		
46	2160	25,25	14,2	154,53	5	1060	4,21	11,0	4,60	0,843	10,41
42	2948	22,87	13,1	110,16	—	—	—	—	—		
48	1968	24,55	15,1	177,14	6	980	4,72	9,6	5,82	1,067	12,10
43	3954	18,72	12,4	78,78	—	—	—	—	—		
48	2436	18,98	14,4	114,23	5	1518	3,16	10,0	3,13	0,685	7,71
51	2936	27,26	14,8	165,14	—	—	—	—	—		
59	1336	23,58	17,8	202,99	8	1600	9,70	15,7	43,17	0,753	10,13
57	1120	23,68	17,4	209,22	—	—	—	—	—		
63	1052	27,72	19,8	276,48	6	68	0,82	15,0	5,90	0,810	12,20
57	1960	32,38	17,5	264,00	—	—	—	—	—		
64	1030	27,57	20,0	269,00	7	930	9,04	15,5	63,04	0,604	9,70
64	950	25,09	20,0	244,90	7	1010	11,52	16,5	87,20		
59	1304	25,09	18,5	216,29	—	—	—	—	—		
64	1048	25,69	20,2	247,94	5	256	2,44	17,0	16,8	0,608	9,69
59	1320	23,31	17,8	195,78	—	—	—	—	—		
66	1228	25,82	19,6	245,20	7	92	0,73	14,0	4,48	0,462	7,70
63	1008	24,39	20,2	235,90	—	—	—	—	—		
70	904	25,96	22,2	280,80	7	104	1,42	17,5	12,04	0,429	8,12
70	820	24,60	22,3	267,71	7	188	2,78	18,6	25,12		
63	1360	27,45	18,9	239,09	—	—	—	—	—		
71	760	25,49	21,6	262,67	8	600	6,78	16,4	49,67	0,602	9,15
74	1132	35,75	21,6	375,17	—	—	—	—	—		
80	992	35,78	22,4	393,97	6	140	2,32	17,1	19,46	0,391	6,37
80	944	34,80	22,5	384,13	6	188	3,30	18,2	29,30		

Lfd. Nr.	Namen der Oberförstereien und Regierungsbezirke, Nummer der Jagen sowie Beschreibung der Versuchsfläche	Durchforstungsart im Jahre
57	**Oberscheid**, Distr. 8a, Reg.-Bez. Wiesbaden, Westerwald, Grünstein. L. t. m. fr. O. 527 m	1885 mäfsig 1891 „ 1891 stark
58	**Oberscheid**, Distr. 18, Reg.-Bez. Wiesbaden, Westerwald, Grünstein. L. t. m. fr. eb. 574 m	1885 mäfsig 1891 „
59	**Zersen**, Distr. 86, Reg.-Bez. Minden, Weser-gebirge, Jura. L. t. m. fr. N.W. 280 m	1878 „ 1885 „ 1892 „ 1892 stark
60	**Zersen**, Distr. 84, Reg.-Bez. Minden, Weser-gebirge, Jura. L. mt. m. fr. W. 300 m	1878 mäfsig 1885 „ 1892 „ 1892 stark
61a¹) 61b²)	**Freienwalde**, Distr. 188, R.-Bez. Potsdam, nord-deutsche Tiefebene, Diluvium. L. s. t. m. fr. eb. 60 m	1884 mäfsig 1891 „ 1884 stark 1891 „
62	**Oberzell**, Distr. 57, Reg.-Bez. Cassel, Rhön, Bunt-sandstein. s. L. mt. m. fr. N.E. 450 m	1885 mäfsig 1891 „ 1891 stark
63	**Worbis**, Distr. 25, Reg.-Bez. Erfurt, Eichsfeld, Wellenkalk. L. s.-st. mt. m. fr. eb. 430 m	1884 mäfsig 1891 „ 1891 stark
64	**Flensburg**, Jag 62, Prov. Schlesw.-Holstein, nord-deutsche Tiefebene, Diluvium. lhm. S. s. t. m. fr. eb. 20 m	1883 mäfsig 1890 „ 1890 stark
65	**Sonderburg**, Jag 12, Prov. Schleswig-Holstein, Insel Alsen, Diluvium. L. s. t. str. fr. eb. 10 m	1883 „ 1890 „
66	**Oberfier**, Distr. 56b, R.-Bez. Cöslin, norddeutsche Tiefebene, Diluvium. s. L. t. m. fr. eb. 20 m	1891 „
67	**Gramzow**, Jag 36, R.-Bez. Potsdam, norddeutsche Tiefebene, Diluvium. s. L. t. l. fr. eb. 50 m	1882 mäfsig 1890 „ 1890 stark
68	**Sonderburg**, Jag 15, Prov. Schleswig-Holstein, Insel Alsen, Diluvium. L. s. t. str. fr. eb. 10 m	1883 „ 1890 „
69	**Sillium**, Distr. 27a, R.-Bez. Hildesheim, Leine-berge, Kreidesandstein. s. L. fl. m. fr. N.E. 210 m	1879 mäfsig 1885 stark 1892 „

¹) ²) Durchforstungsversuchsfläche.

Alter	Des Hauptbestandes				Periodischer Ertrag der Zwischennutzung					Periodischer Durchschnittszuwachs	
	Stamm-zahl	Kreis-fläche	Höhe	Derb-holz	Dauer der Periode	Stamm-zahl	Kreis-fläche	Höhe	Derb-holz	Kreis-fläche	Derb-holz
		qm	m	fm	Jahre		qm	m	fm	qm	fm
74	1062	34,80	21,1	361,41	—	—	—	—	—		
80	1002	36,52	22,0	399,05	6	60	1,10	18,7	9,78	0,470	7,90
80	894	34,32	22,1	375,86	6	168	3,30	20,5	32,97		
75	1232	37,54	21,6	390,08	—	—	—	—	—		
81	1092	37,51	22,6	412,33	6	140	2,37	20,0	21,3	0,390	7,26
67	1000	29,43	19,3	290,60	—	—	—	—	—	0,684	10,73
74	752	30,01	21,3	320,36	7	248	4,21	18,0	45,36		
81	676	32,80	22,9	377,28	7	76	1,44	19,5	14,0	0,604	10,14
81	640	31,82	23,1	367,48	7	112	2,43	19,8	23,8		
68	960	32,42	21,0	322,90	—	—	—	—	—	0,727	11,61
75	832	35,39	22,9	386,80	7	128	2,12	18,0	17,38		
75	752	38,23	24,4	447,98	7	80	1,55	19,0	13,58	0,628	10,68
82	712	37,24	24,5	437,96	7	120	2,54	20,5	23,60		
77	808	31,80	21,9	317,84	—	—	—	—	—	0,907	13,73
83	602	34,08	22,5	372,24	6	156	3,16	16,5	28,00		
77	632	26,02	22,7	266,00	—	—	—	—	—	0,856	12,83
83	520	27,76	23,0	306,40	6	112	3,41	19,0	36,40		
81	1030	32,37	22,8	354,32	—	—	—	—	—		
87	820	31,14	24,2	364,78	6	210	3,48	16,1	27,32	0,376	6,30
87	770	30,20	24,3	355,68	6	260	4,43	17,0	36,42		
80	724	31,29	22,9	346,88	—	—	—	—	—		
87	668	32,97	24,3	389,91	7	56	1,32	22,0	14,18	0,428	8,17
87	604	31,08	24,4	368,83	7	120	3,21	22,6	35,26		
81	700	40,84	24,5	476,01	—	—	—	—	—		
88	631	41,86	25,8	520,68	7	69	1,92	22,0	20,35	0,420	9,30
88	558	38,77	25,9	484,84	7	142	5,01	23,5	56,19		
83	620	38,44	24,7	452,22	—	—	—	—	—	0,540	11,61
90	508	37,64	26,3	480,46	7	112	4,58	24,0	53,04		
91	434	33,03	25,0	409,58	—	201	5,04	20,2	47,60	—	—
85	698	37,23	24,4	449,00	—	—	—	—	—		
92	552	37,59	26,0	489,50	7	146	3,60	20,7	37,18	0,566	11,10
92	482	34,98	26,2	457,83	7	216	6,21	23,1	68,85		
85	555	37,21	24,7	440,62	—	—	—	—	—	0,518	11,37
92	459	36,95	26,5	475,31	7	96	3,88	24,0	44,89		
79	688	31,19	23,5	363,78	—	—	—	—	—	0,553	10,77
85	592	32,66	25,2	409,92	6	96	1,84	20,1	18,48		
92	456	31,13	26,8	419,12	7	136	4,54	23,7	53,80	0,431	9,00

Lfd. Nr.	Namen der Oberförstereien und Regierungsbezirke, Nummer der Jagen sowie Beschreibung der Versuchsfläche	Durchforstungsa[r] im Jahre
70	**Flensburg**, Jag 84, Prov. Schleswig-Holstein, norddeutsche Tiefebene, Diluvium. lhm. S. s. t. m. fr. eb. 20 m	1890 mäfsig 1890 stark
71	**Sieber**, Distr. 90, Reg.-Bez. Hildesheim, Harz, Grauwacke. s. L. t. str. fr. S. 380 m	1879 mäfsig 1892 „ 1892 stark
72	**Oberaula**, Distr. 93, R.-Bez. Kassel, Knüllgebirge, Basalt. L. t. m. fr. N. 480 m	1886 mäfsig 1891 „ 1891 stark
73	**Chausseehaus**, Distr. 58, Reg.-Bez. Wiesbaden, Taunus, Grauwacke. s. L. mt. m. fr. S.E. 410 m	1886 mäfsig 1891 „ 1891 stark
74	**Glambeck**, Jag 58, R.-Bez. Potsdam, norddeutsche Tiefebene, Diluvium. lhm. S. t. l. fr. eb. 40 m	1882 mäfsig 1890 „ 1890 stark
75	**Mühlenbeck**, Jag 22a, Reg.-Bez. Stettin, norddeutsche Tiefebene, Diluvium. lhm. S. s. t. m. fr. eb. 40 m	1883 mäfsig 1890 „ 1890 stark
76	**Glambeck**, Jag 59, R.-Bez. Potsdam, norddeutsche Tiefebene, Diluvium. lhm. S. t. l. fr. eb. 40 m	1882 mäfsig 1890 „ 1890 stark
77	**Bordesholm**, Jag 41, Prov. Schleswig-Holstein, norddeutsche Tiefebene, Diluvium. s. L. s.-t. m. fr. eb. 40 m	1883 mäfsig 1890 „ 1890 stark
78	**Oberscheld**, Dist. 34, Reg.-Bez. Wiesbaden, Westerwald, Grünstein. L. s. t. m. fr. N.W. 565 m	1885 mäfsig 1891 „ 1891 stark
79	**Oberzell**, Dist. 172, Reg.-Bez. Cassel, Rhön, Basalt. L. t. m. fr. eb. 450 m	1885 mäfsig 1891 „ 1891 stark
80	**Hardehausen**, Dist. 215, Reg.-Bez. Minden, Egge, Plaenerkalk. L. mt. str. tr. eb. 300 m	1892 mäfsig 1892 stark
81	**Hardehausen**, Dist. 214, Reg.-Bez. Minden, Egge, Plaenerkalk. L. mt. str. tr. eb. 300 m	1892 mäfsig 1892 stark
82	**Reifenstein**, Dist. 19, Reg.-Bez. Erfurt Eichsfeld, Muschelkalk. L. mt. str. fr. eb. 424 m	1884 „ 1892 „
83	**Boeddeken**, Distr. 91, Reg.-Bez. Minden, Egge, Plaenerkalk. L. mt. f. fr. eb. 350 m	1892 mäfsig 1892 stark

	Des Hauptbestandes				Periodischer Ertrag der Zwischennutzung					Periodischer Durchschnittszuwachs	
Alter	Stammzahl	Kreisfläche	Höhe	Derbholz	Dauer der Periode	Stammzahl	Kreisfläche	Höhe	Derbholz	Kreisfläche	Derbholz
		qm	m	fm	Jahre		qm	m	fm	qm	fm
93	667	36,24	24,7	437,44	—	—	—	—	—	—	—
93	571	33,48	24,9	406,53	—	96	2,76	23,0	30,91		
80	913	36,50	23,3	401,66	—	—	—	—	—	0,406	7,13
93	745	38,43	25,1	461,51	13	168	3,34	20,5	32,77		
93	621	33,93	25,4	412,01	13	292	7,84	22,3	82,27		
89	920	41,96	25,7	540,31	—	—	—	—	—	0,274	6,04
94	708	38,81	26,7	520,51	5	212	4,53	22,0	49,98		
94	668	37,62	26,7	505,43	5	252	5,72	22,6	65,06		
97	667	28,90	26,2	377,5	—	—	—	—	—	0,339	6,66
102	579	28,51	26,9	390.2	5	88	2,09	21,9	20,60		
102	479	25,12	27,1	345,50	5	188	5,49	24,9	65,30		
101	556	36,43	27,3	484,60	—	—	—	—	—	0,383,	10,10
108	444	35,76	28,9	511,00	7	112	3,35	25,4	44,22		
108	360	31,59	29,1	453,10	7	196	7,52	27,0	102,16		
102	535	32,46	25,9	427,35	—	—	—	—	—	0,499	12,30
108	483	34,14	27,7	485,31	7	52	1,32	23,0	15,58		
108	429	32,04	27,9	457,51	7	106	3,42	24,8	43,38		
102	592	36,50	26,9	479,40	—	—	—	—	—	0,371	9,33
109	484	36,03	28,6	508,80	7	108	3,07	22,6	36,03		
109	352	29,12	29,2	420,76	7	240	9,98	24,7	124,07		
103	515	37,81	27,1	485,84	—	—	—	—	—	0,499	11,27
110	434	38,29	28,7	529,29	7	81	3,02	24,5	35,42		
110	388	35,48	28,8	491,36	7	127	5,83	26,0	73,35		
104	600	38,36	26,4	478,62	—	—	—	—	—	0,251	5,61
110	538	37,67	27,3	488,82	6	62	2,20	22,5	23,49		
110	510	36,38	27,4	472,29	6	90	3,49	24,5	40,02		
116	564	42,02	28,0	587,44	—	—	—	—	—	0,304	7,13
122	496	40,80	28,6	598,71	5	68	3,04	24,9	31,62		
122	444	38,39	28,7	564,79	5	120	5,46	26,0	65,54		
127	483	39,34	29,2	565,64	—	—	—	—	—	—	—
127	426	36,36	29,3	524,65	—	57	2,97	28,0	40,99		
127	514	39,47	29,0	563,93	—	—	—	—	—	—	—
127	436	35,33	29,2	506,81	—	78	4,14	28,0	57,12		
125	512	44,94	29,3	680,40	—	—	—	—	—	0,334	7,61
132	436	41,15	29,5	630,70	7	76	3,78	27,6	49,70		
145	348	41,04	29,7	635,11	—	—	—	—	—	—	—
145	312	38,13	29,8	591,15	—	36	2,91	28,0	43,96		

Lfd. Nr.	Namen der Oberförstereien und Regierungsbezirke, Nummer der Jagen sowie Beschreibung der Versuchsfläche	Durchforstungsart im Jahre
84	**Lauenau,** Distr. 44, Reg.-Bez. Hannover, Deister, Jura. K. t. str. fr. eb. 280 m	1884 stark 1892 „
85	**Boeddeken,** Distr. 31, Reg.-Bez. Minden, Egge, Plaenerkalk. L. s. t. str. fe. S.W. 350 m	1892 „

III. Bonität.

Lfd. Nr.	Namen der Oberförstereien und Regierungsbezirke, Nummer der Jagen sowie Beschreibung der Versuchsfläche	Durchforstungsart im Jahre
86	**Oberzell,** Distr. 7, Reg.-Bez. Kassel, Rhön, Basalt. L. G. t. str. fr. eb. 450 m	1885 mäfsig 1891 „
87	**Worbis,** Distr. 14, Reg.-Bez. Erfurt, Eichsfeld, Wellenkalk. L. mt. str. fr. eb. 450 m	1891 „
88 89	**Harzgerode,** Distr. 73, Anhalt, Harz, Fl. I Thonschiefer. mt. str. fr. eb. 470 m Fl. II	1892 „ 1892 „
90	**Oberscheld,** Distr. 38, R.-Bez. Wiesbaden, Westerwald, Grünstein. L. st. t. m. fr. S. 530 m	1885 „ 1891 „
91	**Oberaula,** Distr. 144, Reg.-Bez. Kassel, Knüllgebirge, Basalt. L. st. t. m. fr. eb. 517 m	1885 „ 1891 „
92	**Wiesbaden,** Distr. 60, Reg.-Bez. Wiesbaden, Taunus, Quarzit. lhm. S. t. m. fr. eb. 390 m	1886 „ 1891 „
93	**Oberscheld,** Distr. 29, Reg.-Bez. Wiesbaden, Westerwald, Grünstein. s. L. s. t. l. fr. S. 565 m	1885 „ 1891 „
94	**Oberaula,** Distr. 143, Reg.-Bez. Kassel, Knüllgebirge, Basalt. L. st. t. m. fr. eb. 512 m	1885 „ 1891 „
95	**Oberscheld,** Distr. 73, Reg.-Bez. Wiesbaden, Westerwald, Grünstein. L: mt. m. fr. N. 340 m	1885 „ 1891 „
96	**Knobben,** Distr. 128, R.-Bez. Hildesheim, Selling, Buntsandstein. S. s. st. t. l. fr. N. 373 m	1885 „ 1892 „ 1892 stark
97	**Lauenau,** Distr. 36, Reg.-Bez. Hannover, Deister, Wealdensand. s. L. mt. l. fr. S.W. 350 m	1884 mäfsig 1892 „
98	**Oberaula,** Distr. 156, Reg.-Bez. Kassel, Knüllgebirge, Basalt. L. st. t. m. fr. eb. 525 m	1885 „ 1891 „ 1891 stark
99	**Oberaula,** Distr. 152, Reg.-Bez. Kassel, Knüllgebirge, Basalt. L. st. t. m. fr. eb. 525 m	1885 mäfsig 1891 „ 1891 stark

Des Hauptbestandes					Periodischer Ertrag der Zwischennutzung					Periodischer Durchschnittszuwachs	
Alter	Stammzahl	Kreisfläche	Höhe	Derbholz	Dauer der Periode	Stammzahl	Kreisfläche	Höhe	Derbholz	Kreisfläche	Derbholz
		qm	m	fm	Jahre		qm	m	fm	qm	fm
146	319	41,35	31,3	680,99	—	—	—	—	—	0,544	10,69
152	269	39,29	32,5	688,52	6	50	5,33	28,7	40,00		
173	263	42,76	30,9	663,68	—	—	—	—	—	—	—
39	4132	19,71	10,6	62,28	—	—	—	—	—	1,252	9,24
45	2924	23,83	12,0	113,96	6	1208	3,39	8,2	3,74		
45	3440	25,22	12,2	121,11	—	—	—	—	—	0,930	8,0
48	2490	24,89	13,2	140,08	—	—	—	—	—	—	—
48	2695	22,43	12,5	114,70	—	—	—	—	—		
46	3404	24,52	11,3	107,00	—	—	—	—	—	0,819	7,09
52	2576	26,45	12,7	146,28	6	828	2,99	9,7	3,24		
47	3232	27,51	11,9	145,12	—	—	—	—	—	0,793	8,59
53	2308	28,85	13,7	186,75	6	924	3,42	9,3	9,94		
53	2536	26,48	13,9	157,81	—	—	—	—	—	0,972	10,01
58	1648	26,35	15,4	189,19	5	888	5,00	12,4	18,69		
54	2304	27,57	14,0	166,33	—	—	—	—	—	0,759	8,62
60	1672	28,51	15,6	208,75	6	632	3,61	10,3	9,29		
55	3676	26,88	12,6	137,72	—	—	—	—	—	0,646	6,77
61	2264	26,00	14,5	170,97	6	1412	4,69	9,0	7,36		
58	1688	22,28	16,5	166,63	—	—	—	—	—	0,500	6,21
64	1376	23,11	17,7	191,15	6	312	2,18	12,7	10,52		
58	1324	25,73	15,7	191,18	—	—	—	—	—	0,800	9,89
65	1220	30,07	17,5	253,10	7	104	1,26	14,0	7,29		
65	880	25,30	17,9	219,44	7	444	6,03	14,8	40,95		
59	1436	28,69	15,6	206,78	—	—	—	—	—	0,752	10,77
67	1172	33,04	17,9	277,52	8	264	2,57	13,0	15,44		
75	1504	36,61	19,0	343,55	—	—	—	—	—	0,466	7,94
81	1212	36,03	20,4	366,85	6	292	3,38	14,5	24,34		
81	1156	34,95	20,5	356,42	6	348	4,46	15,8	34,77		
78	1032	37,96	20,4	383,75	—	—	—	—	—	0,476	8,28
84	884	37,97	21,6	411,07	6	148	2,85	16,7	22,36		
84	826	36,55	21,7	396,92	6	206	4,26	17,6	36,51		

Lfd. Nr.	Namen der Oberförstereien und Regierungsbezirke, Nummer der Jagen sowie Beschreibung der Versuchsfläche	Durchforstungsart im Jahre
100	**Glambeck**, Jag 122, Reg.-Bez. Potsdam, norddeutsche Tiefebene, Diluvium. lhm. S. t. l. fr. eb. 40 m	1882 mäfsig 1890 „ 1890 stark
101	**Wiesbaden**, Distr. 5, R.-Bez. Wiesbaden, Taunus, Quarzit. lhm. S. t. m. fr. N.E. 500 m	1886 mäfsig 1891 „ 1891 stark
102	**Elbrighausen**, Distr. 60, Reg.-Bez. Wiesbaden, hessisches Hügelland, Thonschiefer. L. s. st. t. m. fr. N.E. 500 m	1886 mäfsig 1891 „ 1891 stark
103	**Knobben**, Distr. 132, R.-Bez. Hildesheim, Solling, Buntsandstein. lhm. S. st. t. l. fr. E. 375 m	1885 „ 1892 „
104	**Oberaula**, Distr. 158, Reg.-Bez. Kassel, Knüllgebirge, Basalt. L. st. t. m. fr. eb. 510 m	1885 mäfsig 1891 „ 1891 stark
105	**Oberzell**, Distr. 50, R.-Bez. Kassel, Rhön, Buntsandstein. s. L. t. str. fr. W. 455 m	1885 mäfsig 1891 „ 1891 stark
106	**Oberscheld**, Distr. 35, Reg.-Bez. Wiesbaden, Westerwald, Grünstein. L. st. t. m. fr. N.E. 600 m	1885 mäfsig 1891 „ 1891 stark
107	**Oberscheld**, Distr. 49, Reg.-Bez. Wiesbaden, Westerwald, Grünstein. L. t. m. fr. N.E. 395 m	1885 mäfsig 1891 „ 1891 stark
108	**Oberzell**, Distr. 24, R.-Bez. Kassel, Rhön, Basalt, L. st. t. str. fr. E. 450 m	1885 mäfsig 1891 „ 1891 stark
109	**Polle**. Distr. 25, Reg.-Bez. Hannover, Wesergebirge, Muschelkalk. K. mt. str. fr. W. 240 m	1878 mäfsig 1892 „ 1892 stark
110	**Wiesbaden**, Distr. 35, Reg.-Bez. Wiesbaden, Taunus, Quarzit. s. L. t. m. fr. eb. 390 m	1886 mäfsig 1891 „ 1891 stark
111	**Chausseehaus**, Distr. 34, Reg.-Bez. Wiesbaden, Taunus, Quarzit. s. L. t. m. fr. E. 420 m	1886 mäfsig 1891 „ 1891 stark
112	**Oberaula**, Distr. 154e, Reg.-Bez. Kassel, Knüllgebirge, Basalt. L. st. t. m. fr. W. 503 m	1885 mäfsig 1891 „ 1891 stark
113	**Oberaula**, Distr. 9, Reg.-Bez. Kassel, Knüllgebirge, Buntsandstein. lhm. S. st. t. m. fr. N. 532 m	1885 mäfsig 1891 „ 1891 stark
114	**Reinfeld**, Distr. 55, Prov. Schlesw.-Holstein, norddeutsche Tiefebene, Diluvium. L. t. m. fr. eb. 35m	1883 „ 1890 „

	Des Hauptbestandes				Periodischer Ertrag der Zwischennutzung					Periodischer Durchschnittszuwachs	
Alter	Stammzahl	Kreisfläche	Höhe	Derbholz	Dauer der Periode	Stammzahl	Kreisfläche	Höhe	Derbholz	Kreisfläche	Derbholz
		qm	m	fm	Jahre		qm	m	fm	qm	fm
81	1140	35,70	21,4	362,42	—	—	—	—	—		
88	660	31,95	23,6	361,54	7	480	6,74	18,5	59,07	0,427	8,31
88	556	27,52	23,7	313,41	7	584	11,17	19,7	107,20		
84	928	32.45	21,9	340,20	—	—	—	—	—		
89	792	32,15	22,6	353,00	5	136	2,48	18,7	22,40	0,438	7,04
89	600	27,29	22,9	303,00	5	328	7,35	19,3	72,40		
88	1192	34,95	22,5	379,72	—	—	—	—	—		
93	1004	33,65	23,3	381,88	5	188	2,68	18,3	23,80	0,275	5,19
93	920	31,84	23,5	363,52	5	272	4,49	19,2	42,16		
86	792	28,23	21,5	287,85	—	—	—	—	—		
93	744	31,25	22,8	340,73	7	48	0,74	21,0	7,48	0,538	8,62
92	1024	43,56	22,7	494,21	—	—	—	—	—		
98	892	43,26	23,8	517,23	6	132	2,87	18,0	25,95	0,427	8,16
98	820	41,13	23,9	493,25	6	204	5,00	20,3	49,83		
102	588	34,31	25,6	443,09	—	—	—	—	—		
108	542	34,19	26,0	455,79	6	46	1,40	21,5	14,74	0,213	4,57
108	530	33,85	26,1	451,91	6	58	1,73	21,8	18,62		
104	712	46,62	23,6	545,82	—	—	—	—	—		
110	668	45,96	24,4	555,96	6	44	1,79	20,0	17,02	0,188	4,53
110	588	42,68	24,5	516,98	6	124	5,07	23,0	56,00		
105	612	33,38	24,5	400,18	—	—	—	—	—		
111	544	33,85	25,4	424,32	6	68	1,32	18,7	12,17	0,299	5,95
111	500	32,54	25,5	408,75	6	112	2,64	21,3	27,74		
106	670	37,45	24,3	460,36	—	—	—	—	—		
112	642	38,58	24,9	490,66	6	28	0,84	22,0	8,88	0,327	6,53
112	536	34,36	25,2	442,24	6	134	5,05	22,4	57,30		
99	834	36,26	24,0	436,50	—	—	—	—	—		
113	778	40,91	26,1	539,90	14	56	1,28	20,9	13,50	0,424	8,35
113	571	32,50	26,5	436,67	14	264	9,69	23,4	116,73		
112	708	39,53	24,5	492,20	—	—	—	—	—		
117	620	39,17	25,2	508,60	5	88	2,20	22,2	23,30	0,367	7,94
117	500	34,51	25,3	450,00	5	208	6,86	23,8	81,90		
118	436	31,68	25,4	415,35	—	—	—	—	—		
123	404	31,43	26,2	426,00	5	32	1,49	21,0	15,8	0,248	5,30
123	332	28,13	26,3	383,30	5	104	4,79	24,0	58,5		
125	648	44,81	25,8	573,45	—	—	—	—	—		
131	600	44,34	26,4	583,27	6	48	1,81	20,3	18,26	0,224	4,68
131	568	43,08	26,5	567,61	6	80	3,07	22,3	33,92		
151	408	41,24	29,0	624,89	—	—	—	—	—		
157	368	40,39	29,3	620,59	6	40	1,60	26,0	21,08	0,124	2,80
157	360	40,04	29,4	615,82	6	48	1,95	26,0	25,85		
167	280	48,36	27,2	658,70	—	—	—	—	—		
173	256	46,90	27,6	646,94	6	24	2,72	26,0	35,36	0,210	3,906

Lfd. Nr.	Namen der Oberförstereien und Regierungsbezirke, Nummer der Jagen sowie Beschreibung der Versuchsfläche	Durchforstungsart im Jahre
	IV. Bonität.	
115	**Worbis**, Distr. 15, Reg.-Bez. Erfurt, Eichsfeld, Wellenkalk. L. mt. str. fr. eb. 450 m	1891 mäfsig
116	**Worbis**, Dist. 27, Reg.-Bez. Erfurt, Eichsfeld, Wellenkalk. L. mt. str. fr. eb. 450 m	1891 „
117	**Battenberg**, Distr. 79, Reg.-Bez. Wiesbaden, hessisches Hinterland, Thonschiefer. s. L. st. mt. l. fr. S.E. 500 m	1884 „ 1891 „
118	**Battenberg**, Distr. 78, Reg.-Bez. Wiesbaden, hessisches Hinterland, Grauwacke. lhm. S. t. l. fr. S. 500 m	1884 „ 1891 „
119	**Seelzerthurm**, Distr. 55, Reg.-Bez. Hildesheim, Solling, Buntsandstein. lhm. S. st. mt. l. fr. S.W. 370 m	1885 „ 1892 „
120	**Tronecken**, Distr. 101, Reg.-Bez. Trier, Hochwald, Grauwacke. s. L. mt. m. fr. eb. 600 m	1891 „
121	**Elbrighausen**, Distr. 71, Reg.-Bez. Wiesbaden, hessisches Hinterland, Kieselschiefer. L. s. st. t. m. fr. S.E. 600 m	1884 „ 1891 „ 1891 stark
122	**Chausseehaus**, Distr. 41, Reg.-Bez. Wiesbaden, Taunus Grauwacke. lhm. S. mt. l. fr. eb. 600 m	1886 mäfsig 1891 „ 1891 stark
123	**Battenberg**, Distr. 94, Reg.-Bez. Wiesbaden, hessisches Hinterland, Grauwacke. l. S. st. mt. lock. fr. N.E. 500 m	1884 mäfsig 1891 „
124	**Elbrighausen**, Distr. 62, Reg.-Bez. Wiesbaden, hessisches Hinterland, Thonschiefer. L. t. st. t. m. fr. S.E. 540 m	1884 „ 1891 „ 1891 stark
125a[1] 125b[2]	**Tronecken**, Distr. 104, Reg.-Bez. Trier, Hochwald, Grauwacke. s. L. mt. m. fr. eb. 625 m	1891 mäfsig 1891 stark
126a[1] 126b[2]	**Tronecken**, Distr. 104, Reg.-Bez. Trier, Hochwald, Grauwacke. s. A. mt. m. fr. eb. 625 m	1891 mäfsig 1891 stark
127	**Oberscheld**, Distr. 52, Reg.-Bez. Wiesbaden, Westerwald, Grünstein. L. st. t. m. fr. S.W. 386 m	1885 mäfsig 1891 „ 1891 stark

[1]) Durchforstungsversuchsflächen.

	Des Hauptbestandes				Periodischer Ertrag der Zwischennutzung					Periodischer Durchschnittszuwachs	
Alter	Stammzahl	Kreisfläche	Höhe	Derbholz	Dauer der Periode	Stammzahl	Kreisfläche	Höhe	Derbholz	Kreisfläche	Derbholz
		qm	m	fm	Jahre		qm	m	fm	qm	fm
46	3612	20,57	10,7	77,80	—	—	—	—	—	} —	—
48	3432	18,10	11,1	67,08	—	—	—	—	—	} —	—
47	2864	16,31	10,9	61,60	—	—	—	—	—	}0,462	4,62
54	2292	17,88	12,6	91,54	7	572	1,67	10,3	2,37		
48	2796	24,04	11,2	90,73	—	—	—	—	—	}0,636	6,61
55	2452	23,21	13,2	130,81	7	344	5,29	10,4	6,19		
63	1360	23,69	14,9	166,90	—	—	—	—	—	}0,710	8,14
70	1232	27,59	16,5	217,95	7	128	1,06	14,0	5,96		
82	1353	31,90	19,4	294,29	—	—	—	—	—	} —	—
78	1632	34,44	17,1	280,20	—	—	—	—	—	}0,314	4,97
85	1424	34,50	18,0	299,10	7	208	2,13	15,5	15,88		
85	1348	33,51	18,1	291,30	7	284	3,12	15,9	23,68		
82	1252	31,91	18,5	280,40	—	—	—	—	—	}0,389	5,78
87	976	29,32	19,3	272,20	5	276	4,54	17,1	37,10		
87	832	26,35	19,5	246,60	5	420	7,52	17,4	62,70		
81	1092	20,82	17,0	173,48	—	—	—	—	—	}0,250	3,04
88	1060	22,33	17,4	193,63	7	32	0,24	14,2	1,15		
83	1405	34,47	19,0	308,60	—	—	—	—	—	}0,249	5,09
90	1210	33,82	20,1	326,90	7	195	2,40	15,8	17,36		
90	1148	32,84	20,2	318,57	7	257	3,38	16,1	25,70		
92	1137	33,83	21,3	365,57	—	—	—	—	—	} —	—
92	723	23,05	21,4	251,10	—	—	—	—	—		
92	1080	33,24	20,1	328,61	—	—	—	—	—	} —	—
92	684	24,66	20,6	249,27	—	—	—	—	—		
90	1168	30,10	19,2	277,01	—	—	—	—	—	}0,312	5,19
96	1068	30,62	20,2	298,56	6	100	1,35	15,5	9,60		
96	1016	29,61	20,3	289,32	6	152	2,37	17,5	18,84		

Lfd. Nr.	Namen der Oberförstereien und Regierungsbezirke, Nummer der Jagen sowie Beschreibung der Versuchsfläche	Durchforstungsart im Jahre
128	**Grohnde.** Distr. 47, Reg.-Bez. Hannover, Wesergebirge, Keupermergel. L. mt. m. fr. eb. 230 m	1877 mäfsig 1882 „ 1887 stark 1892 „
129	**Oberaula,** Distr. 154d, Reg.-Bez. Cassel, Knüllgebirge, Basalt. L. st. t. m. fr. W. 503 m	1885 mäfsig 1891 „ 1891 stark
130	**Oberaula,** Distr. 10c, Reg.-Bez. Cassel, Knüllgebirge, Buntsandstein. lhm. S. fl. tr. N. 535 m	1885 mäfsig 1891 „ 1891 stark
131	**Oberaula,** Distr. 10b, Reg.-Bez. Cassel, Knüllgebirge, Buntsandstein. lhm. S. st. mt. m. fr. N. 530 m	1885 mäfsig 1891 „ 1891 stark

V. Bonität.

Lfd. Nr.	Namen der Oberförstereien und Regierungsbezirke, Nummer der Jagen sowie Beschreibung der Versuchsfläche	Durchforstungsart im Jahre
132	**Elbrighausen,** Distr. 24, Reg.-Bez. Wiesbaden, hessisches Hinterland, Thonschiefer. L. st. mt. f. fr. S.W. 500 m	1884 mäfsig 1891 „
133	**Elbrighausen,** Distr. 63, Reg.-Bez. Wiesbaden, hessisches Hinterland, Kieselschiefer. L. s. st. mt. m. tr. S.W. 560 m	1884 „ 1891 „
134	**Coppenbrügge,** Distr. 20, Reg.-Bez. Hannover, Wesergebirge, Jura. L. s. st. fl. tr. S.W. 240 m	1885 „ 1892 „
135	**Elbrighausen,** Distr. 11, Reg.-Bez. Wiesbaden, hessisches Hinterland, Thonschiefer. L. st. mt. f. fr. W. 520 m	1884 „ 1891 „
136	**Oberscheld,** Distr. 47, Reg.-Bez. Wiesbaden, Westerwald, Grünstein. L. mt. m. fr. N. 386 m	1885 „ 1891 „
137	**Battenberg.** Distr. 95, Reg.-Bez. Wiesbaden, hessisches Hinterland, Thonschiefer. L. s. st. fl. l. tr. eb. 500 m	1884 „ 1891 „
138	**Battenberg,** Distr. 97, Reg.-Bez. Wiesbaden, hessisches Hinterland, Thonschiefer. S. s. st. fl. l. tr. S.W. 500 m	1884 „ 1891 „
139	**Kupferhütte,** Distr. 15, Reg.-Bez. Hildesheim, Harz, Grauwackenschiefer. S. s. st. mt. l. tr. W. 450 m	1884 „ 1892 „

	Des Hauptbestandes				Periodischer Ertrag der Zwischennutzung					Periodischer Durchschnittszuwachs	
Alter	Stammzahl	Kreisfläche	Höhe	Derbholz	Dauer der Periode	Stammzahl	Kreisfläche	Höhe	Derbholz	Kreisfläche	Derbholz
		qm	m	fm	Jahre		qm	m	fm	qm	fm
104	772	40,03	22,0	445,68	—	—	—	—	—	}0,507	8,93
109	737	41,86	22,8	483,54	5	35	0,70	19,0	6,80	}0,435	8,04
114	576	38,59	23,6	465,36	5	161	5,45	21,0	58,37		
119	488	36,27	24,3	452,24	5	88	4,14	22,8	48,33	0,364	7,04
122	748	42,88	23,4	516,26	—	—	—	—	—	}0,331	6,47
128	708	43,53	24,1	541,95	6	40	1,34	19,0	13,14		
128	636	40,82	24,2	510,43	6	112	4,05	21,4	44,66		
150	524	33,98	21,8	376,37	—	—	—	—	—	}0,172	2,92
156	480	33,56	22,1	380,52	6	44	1,45	18,0	13,35		
156	456	32,91	22,2	374,02	6	68	2,10	18,3	13,86		
151	536	33,34	25,0	426,53	—	—	—	—	—	}0,100	2,11
157	484	32,19	25,3	421,95	6	52	1,76	19,0	17,25		
157	460	31,41	25,4	412,97	6	76	2,53	20,0	26,23		
75	3764	25,83	11,5	104,45	—	—	—	—	—	}0,384	3,35
82	3028	25,80	12,3	121,71	7	736	2,72	9,4	6,16		
75	2924	25,21	12,3	121,03	—	—	—	—	—	}0,352	3,28
82	2432	25,46	13,0	139,42	7	492	2,04	9,9	4,60		
82	3172	25,96	10,1	105,47	—	—	—	—	—	}0,346	2,45
89	2148	24,16	11,0	114,20	7	924	4,23	7,8	8,40		
84	2068	30,58	13,9	210,21	—	—	—	—	—	}0,246	3,85
91	1712	29,87	14,9	225,09	7	356	2,43	11,0	12,04		
87	1720	23,01	16,0	167,97	—	—	—	—	—	}0,454	5,57
93	1292	23,11	17,5	194,28	6	428	2,62	10,9	7,14		
87	1232	23,66	14,5	159,84	—	—	—	—	—	}0,359	4,51
94	1160	25,49	15,5	188,21	7	72	0,68	12,4	3,22		
97	1784	28,11	13,35	173,19	—	—	—	—	—	}0,193	1,80
104	1616	28,30	13,70	181,65	7	168	1,16	9,6	4,13		
129	1236	25,72	14,7	187,03	—	—	—	—	—	}0,168	1,95
137	1160	26,12	14,9	195,83	8	76	0,94	14,3	6,78		

II. Aufstellung der Ertragstafeln.

Nachdem die Vorfrage bezüglich der Ausscheidung von Wachstumsgebieten, wie oben (S. 4) bereits bemerkt, im verneinenden Sinne beantwortet war, konnte das ganze Grundlagenmaterial einheitlich bearbeitet werden.

Die charakteristischen Elemente, welche für die Methode der Aufstellung maſsgebend waren, sind folgende:

1) Für die weitaus überwiegende Mehrzahl der Flächen lagen wiederholte, sorgfältig kontrolierte Aufnahmen vor.

2) Für Klassen von durch alle Lebensalter gleichbleibenden Stammzahlen (100, 200 etc., stärkste Stämme) waren die Masse, die massenbildenden Faktoren und der Zuwachs gesondert erhoben worden.

3) Mit besonderer Sorgfalt hatte die Berechnung des laufendjährigen Zuwachses an Kreisfläche und Masse stattgefunden.

4) Der Schwerpunkt der Massenermittlung war auf die Feststellung des Derbholzvorrates und -Zuwachses gelegt worden, während das Reisholz der Probestämme zwar ermittelt, aber die Reisholzmasse für die einzelnen Flächen nicht berechnet war.

5) Für die Bestände im Baumholzalter lagen bei der Neuaufnahme mit wenigen Ausnahmen je eine Messung unter Voraussetzung mäſsiger und starker Durchforstung vor.

6) Da die bisherige Entwicklung der Probeflächen in der Regel unter Grundlage der mäſsigen Durchforstung stattgefunden hatte, und auch nur unter dieser Voraussetzung eine Vergleichung der wiederholten Aufnahmen für die gleichen Flächen möglich ist, so muſste die Aufstellung der Ertragstafeln

zunächst von der Unterstellung dieser Behandlungsweise durch alle Lebensalter hindurch ausgehen. Die weiteren Ausführungen beziehen sich daher vorläufig blofs auf die mäfsig durchforsteten Bestände, die Folgen der starken Durchforstung werden weiter unten gesondert behandelt werden.

Sobald für die Aufstellung einer Ertragstafel die Ergebnisse wiederholter Aufnahmen vorliegen, ist es naturgemäfs, dafs sich letztere aus den Kurvenstücken, welche durch Verbindung der korrespondierenden Ordinatenendpunkte entstehen, aufbaut.

Als Grundlage dienen zweckmäfsig jene Elemente, welche am wenigsten durch die von individuellen Anschauungen abhängige Behandlungsweise beeinflufst werden und mit möglichster Sicherheit leicht ermittelt werden können.

Beides trifft für die Masse des Haupstbestandes erfahrungsgemäfs nicht zu, ebenso hängt auch dessen Mittelhöhe von dem schwächeren oder stärkeren Grade der Durchforstung ab, dagegen ist die Oberhöhe hiervon vollkommen unabhängig. Ich entschlofs mich daher nach einigen anderweitigen Versuchen von diesem, wenn auch in anderer Form, bereits von Weise und ebenso von mir in meinen Kiefernertragstafeln benutzten Element auszugehen.

Die „Oberhöhe" wird gewöhnlich definiert als die Mittelhöhe einer verschieden bemessenen Anzahl stärkster und damit auch höchster Bäume; über die Anzahl selbst besteht jedoch keine feste Norm, meist entspricht sie der Zahl der im Haubarkeitsalter vorhandenen Stämme.

Ich bin von einer etwas anders charakterisierten Oberhöhe ausgegangen. Wie bereits erwähnt, standen mir für die 400 stärksten Stämme die Massen und massenbildenden Faktoren für Klassen von je 100 Stämmen zur Verfügung. Ich habe nun die mittlere Höhe der Klasse „101—200" stärkste Stämme als Oberhöhe betrachtet. Da die Stammzahl für das Alter 140 in den besseren Bonitäten bis auf fast 300 sinkt, so stimmt meine Oberhöhe thatsächlich mit der gewöhnlichen Auffassung fast genau überein, aufserdem bot sie noch den Vorzug, ohne weitere Berechnung sofort aus den Akten entnommen werden zu können.

Nach dem Auftragen der Oberhöhen und Verbinden der Koordinatenendpunkte für die wiederholt aufgenommenen Flächen zeigte sich ein so regelmäfsiger Verlauf der Kurvenstücke, wie bei keinem anderen Element. Hierdurch wurde die Voraussetzung, daſs die Oberhöhe aus den oben angegebenen Gründen weitaus am regelmäſsigsten verlaufe, vollständig gerechtfertigt. Um dann noch weitere Anhaltspunkte für den Gang der Oberhöhenkurven der einzelnen Bonitäten zu erhalten, wurden auſserdem auch Höhenanalysen stärkster Stämme von älteren Beständen verschiedener Bonitäten eingezeichnet, welche gewissermaſsen als Leitkurven dienen sollten.

Ehe die Mittelkurven der einzelnen Bonitäten gezogen werden konnten, muſste nun die Oberhöhe im Alter 100 bestimmt werden. Dieses geschah im Anhalt an die im Jahre 1888 zu Ulm gefaſsten Beschlüsse des Vereines deutscher forstlicher Versuchsanstalten, nach denen bei der Buche die Bonitäten durch folgende Gesamtmassen im 100jährigen Alter charakterisiert sein sollten:

I. Bonität 720 fm
II. „ 560 „
III. „ 460 „
IV. „ 350 „
V. „ 250 „

Da aber bei den Aufnahmen nur Derbholzmassen berechnet worden waren, so war es weiterhin noch nötig, zu untersuchen, welche Derbholzmassen den genannten Gesamtmassen entsprächen.

Zu diesem Behufe wurden die Reisholzprozente, welche ja für das Probeholz der einzelnen Flächen bekannt waren, aufgetragen und für das Alter 100, nach späterer auf Grund der definitiven Bonitierung vorgenommenen Korrektur, folgende Mittelwerte (auf die Derbholzmasse bezogen) gefunden:

I. Bonität 16 %
II. „ 17 %
III. „ 18 %
IV. „ 21 %
V. „ 25 %

Im 100jährigen Alter entsprechen demnach folgende Massen dem Mittel der einzelnen Bonitäten:

Bonität	Derbholz fm	Reisholz fm	Gesamtmasse fm
I	620	100	720
II	500	80	580
III	390	70	460
IV	290	60	350
V	200	50	250

Wie die Vergleichung mit den oben mitgeteilten Zahlen zeigt, ist in der II. Bonität eine kleine Abweichung von den Ulmer Beschlüssen notwendig gewesen, um eine gesetzmäfsige Abstufung innerhalb der drei Reihen zu erzielen.

Nach dieser Vorarbeit wurden solche Bestände ausgewählt, welche annähernd 100jährig waren und mit ihrer Masse den Mittelwerten am nächsten kamen. Durch Verlängerung der zugehörigen Oberhöhenkurvenstücke bis zur Ordinate für das Alter 100 ergaben sich die erforderlichen Anhaltspunkte zur Bestimmung von Mittelwerten für die Oberhöhen.

Im Anschlufs an die Kurvenstücke und Kurven der Höhenanalysen wurden alsdann provisorische Oberhöhenkurven gezogen, abgelesen, rechnerisch ausgeglichen und hierauf definitiv eingezeichnet.

Ich bemerke hier, dafs die graphische und rechnerische Behandlung bei allen Kurven Hand in Hand gehen müssen. Auf der Zeichnung läfst sich der allgemeine Verlauf der Kurven am leichtesten und sichersten beurteilen, dagegen ist es auch dem geübtesten Zeichner unmöglich, die Kurven so regelmäfsig zu ziehen, dafs die entsprechenden Zahlenwerte eine stetig verlaufende Reihe bilden, abgesehen davon, dafs häufig noch rechnerische Vergleiche mit zugehörigen anderen Reihen notwendig sind. Nur durch Bildung der Differenzen zwischen den einzelnen Gliedern ist eine genaue Prüfung, sowie im Anschlufs hieran eine Berichtigung der Reihen möglich. Umgekehrt genügt eine rein rechnerische Behandlung der Reihen deshalb nicht, weil die Änderungen in den aufeinanderfolgenden Differenzen gutachtlich erfolgen müssen und daher bei einseitigem Vorgehen Reihen zum Vorschein kommen können, welche mit den Ergebnissen der Aufnahmen durchaus nicht übereinstimmen.

Nachdem in der angegebenen Weise die Oberhöhenkurven für die einzelnen Bonitäten festgelegt waren, wurden zunächst die Grenzkurven zwischen den einzelnen Bonitäten gezogen und die Bestände nach ihrer Lage in den betreffenden Streifen vorläufig bonitiert.

Die nächste Arbeit bestand in der Ableitung der Mittelhöhenkurven. Zu diesem Zwecke wurden die Differenzen zwischen Oberhöhe und Mittelhöhe bonitätenweise als Ordinaten und die zugehörigen Oberhöhen als Abscissen aufgetragen. Es zeigte sich jedoch, dafs der Abstand zwischen Oberhöhe und

Mittelhöhe eigentlich nur von dem absoluten Betrag derselben abhängig ist und der Einfluſs der Bonität, wenn ein solcher überhaupt vorhanden ist, vernachlässigt werden darf.

Die Mittelhöhenkurven wurden hierauf zuerst berechnet, dann gezeichnet, mit den aus den Aufnahmen bekannten Kurvenstücken der Mittelhöhen verglichen, soweit nötig verbessert und schlieſslich rechnerisch ausgeglichen.

Diese berichtigten Mittelhöhenkurven dienten alsdann zur endgültigen Bonitierung der Probeflächen, wobei sich jedoch erhebliche Differenzen gegenüber der Bonitierung nach den Oberhöhen nicht ergaben.

Nach dieser Vorarbeit konnten die Massenkurven für Derbholz aufgestellt werden. Zu diesem Zwecke wurden die entsprechenden Kurvenstücke mit verschiedener Farbe für die einzelnen Bonitäten eingetragen und im Anhalt an die oben angegebenen Fixpunkte im Alter 100 die vorläufigen Massenkurven gezeichnet, abgelesen und rechnerisch ausgeglichen.

Hierbei ergab sich wieder die Richtigkeit des Satzes, daſs die Höhe als bester Weiser für die Bonität betrachtet werden darf. Wenn man von den kleinen Schwankungen absieht, welche dadurch entstehen, daſs die Probeflächen nicht sämtlich vollkommen normal bestockt sind, so zeigte sich im allgemeinen eine ausgezeichnete Übereinstimmung zwischen der Bonitierung nach der Masse und jener nach der Höhe. Nur im Hochalter, also etwa vom 120. Jahre ab aufwärts, treten gröſsere Differenzen in dem Verhältnis von Massenvorrat zur Höhe auf, indem der Höhenzuwachs sich hier allenthalben auf die Bildung von nur wenige Centimeter langen Kurztrieben beschränkt, während der Massenzuwachs nicht so sehr von der Standortsgüte im allgemeinen, als von den zur Zeit obwaltenden mehr oder weniger günstigen Verhältnissen (Austrocknung der oberen Bodenschicht, Rohhumusbildung etc.) beeinfluſst wird und daher in relativ ziemlich weiten Grenzen schwanken kann. Auſserdem kommt auch noch der Umstand in Betracht, daſs manche Altbestände durch aufgespeicherte Durchforstungsmassen, welche bei unserem heutigen Wirtschaftsbetriebe schon früher herausgezogen werden, verhältnismäſsig zu massenreich erscheinen.

Diese Beobachtung vermag jedoch in keiner Weise die Bedeutung der Höhe als Bonitätsweiser zu erschüttern, da derselbe innerhalb der Altersgrenzen, für welche wir der Regel nach hiervon Gebrauch machen, auch nach meinen Zusammenstellungen Vorzügliches leistet und in den Hochaltbeständen immerhin doch noch in der überwiegenden Mehrzahl der Fälle vollständig, in den übrigen aber doch wenigstens annähernd zutrifft.

Nach Festlegung der Massenkurven für den Hauptbestand wurde die Gesamtwachstumsleistung an Derbholzmasse untersucht. Zu diesem Zwecke dienten die Größen des laufendjährigen Zuwachses, welche für das mittlere Alter der abgelaufenen Periode, bonitätenweise durch verschiedene Farben kenntlich gemacht, als Ordinaten aufgetragen wurden. Die alsdann entstandenen Kurvenzüge ermöglichten einerseits den Gesamtmassenzuwachs abzuleiten und andererseits aus der Differenz zwischen diesem und dem Hauptbestande die Durchforstungsmassen zu berechnen.

Diese sind demnach hier in ganz anderer Weise gefunden, als bei den früheren Ertragstafeln, in denen sie meist aus der Differenz der Stammzahlen des Hauptbestandes und der immerhin nur annäherungsweise zu bestimmenden Masse des Mittelstammes der Durchforstung abgeleitet wurden.

Die Zahlenreihen für die Nebenbestandsmasse, und damit auch jene für den Gesamtbestand, konnten indessen doch zunächst nur vorläufig festgelegt und ausgeglichen werden, da sie erst nach Aufstellung der Stammzahlkurven und Kreisflächenkurven nochmals auf ihre Übereinstimmung mit diesen Elementen geprüft werden mußten.

Die anscheinend naheliegende Vergleichung der Durchforstungsmassen der Tafel mit den Ergebnissen der Aufnahmen der Versuchsflächen lieferte kein befriedigendes Resultat, da letztere ungemein schwanken und von der jeweiligen Behandlungsweise der benutzten Bestände abhängen. Auf das Verhältnis der Durchforstungsmassen der Tafel zu den thatsächlichen Durchforstungsergebnissen wird weiter unten noch näher eingegangen werden.

Die aus den Gesamtmassen sich ergebenden Zahlen des laufendjährigen Zuwachses boten gute Anhaltspunkte, die Massenkurven für die jüngsten Lebensalter, für welche genügende Aufnahmsmaterialien schwer zu beschaffen sind, richtig zu ermitteln.

Hierauf wurde zur Ableitung der Kreisflächenkurven geschritten und hiermit gleichzeitig auch die Konstruktion der Formzahlkurven verbunden.

Nachdem die Aufnahmsergebnisse für beide Elemente in der bereits mehrfach geschilderten Weise aufgetragen und die provisorischen Mittelkurven gezogen waren, wurden dieselben in folgender Weise geprüft:

Da $M = gfh$, so muſs natürlich auch $\dfrac{M}{h} = gf$ sein.

Die Massenkurven und Höhenkurven waren nun bereits festgelegt, es konnte daher der Quotient $\dfrac{M}{h}$ berechnet und hiermit das Produkt gf nach den vorläufigen Kreisflächen und Formzahlkurven verglichen werden. Letztere wurden hierauf solange verschoben, bis die notwendige Übereinstimmung zwischen Masse und massenbildenden Elementen erzielt war. Verschiebungen der Höhenkurven sind nur in höchst untergeordnetem Maſse nötig gewesen.

Durch dieses Vorgehen ist namentlich erzielt worden, daſs die Formzahlen der Tafeln mit den wirklichen Bestandesformzahlen gut harmonieren. Gleichzeitig war es hierbei möglich, den Gang der Kreisflächenkurven in den höheren Lebensaltern richtig zu bestimmen, und ist hierdurch in den geringeren Bonitäten das den wirklichen Verhältnissen entsprechende Sinken derselben veranlaſst.

In der gleichen Weise wie der Gesamtmassenzuwachs wurde weiterhin auch der Betrag des Gesamtkreisflächenzuwachses, sowie hieraus die Kreisfläche des Nebenbestandes abgeleitet.

Hierauf folgte nunmehr in der bekannten Weise die Aufstellung der Kurven für die Stammzahlen, sowie hiermit Hand in Hand gehend auch jene für die Mittendurchmesser, da sich diese beiden Gröſsen wieder kontrolieren, wenn die Kreisflächen festgelegt sind.

Nachdem alle Elemente für den Hauptbestand endgültig fest lagen, erfolgte die Prüfung der vorläufig abgeleiteten Gröſsen für den Nebenbestand, welche demnächst sowohl unter sich als auch mit dem Hauptbestande in Übereinstimmung gebracht werden konnten.

Die letzte Arbeit bestand in der Ermittlung der Reisholz-massen. Diese erfolgte für die älteren Bestände dadurch, daſs, wie bereits oben S. 30 erwähnt, die Reisholzprozente der einzelnen Bestände bonitätenweise aufgetragen und ausgeglichen wurden; bei den geringeren Beständen aber, wo das Derbholz entweder überhaupt fehlt oder doch an Masse gegen das Reisholz noch erheblich zurücksteht, konnte das Prozentverhältnis nicht bei-behalten werden, sondern muſsten die bei den Aufnahmen ermittelten Baumformzahlen benutzt werden, um hieraus rück-wärts die Reisholzmassen zu berechnen.

Die Gesamtmassen sind alsdann lediglich auf kalkula-torischem Wege aus der Summe von Derbholz und Reisholz gefunden worden. In meinen früheren Tafeln bin ich bei der Bearbeitung der Tafeln von den bei den Aufnahmen ermittelten Gesamtmassen ausgegangen und habe dann umgekehrt das Derbholz als Differenz zwischen diesen und der ausgeglichenen Reisholzmasse berechnet. Dieses Verfahren hatte den Nachteil, daſs dem nur schwierig und vielfach ungenau zu bestimmenden Reisig ein zu bedeutender Einfluſs auf die ganze Arbeit ein-geräumt wurde und das für die Wirtschaft ungleich wichtigere und wertvollere Derbholz nicht mit dem Grade der Genauigkeit er-mittelt werden konnte, als bei dem gegenwärtig eingeschlagenen Verfahren.

Aus den Aufnahmen war, wie deren Zusammenstellung in Tabelle I ersehen läſst, nicht nur das Ergebnis für die mäſsig durchforsteten Bestände, sondern, wenigstens vom Baumholzalter ab, auch jenes der stark durchforsteten bekannt.

Da dieser stärkere Durchforstungsgrad in den älteren Be-ständen immer mehr Verbreitung gewinnt und ein sehr reich-haltiges Material zur Untersuchung des Wachstumsganges unter dieser Voraussetzung vorlag, so erschien es im wissenschaft-lichen und praktischen Interesse gleich erwünscht, auch Ertrags-tafeln für eine solche Behandlungsweise aufzustellen, bei welcher die Bestände im Stangenholzalter nur mäſsig, im Baum-holzalter aber stark durchforstet werden.

Für die Bearbeitung dieser Tafeln kommen zunächst zwei Gesichtspunkte in Betracht, nämlich: 1) daſs für die stark durchforsteten Bestände mit wenigen Ausnahmen nur einmalige Aufnahmen vorlagen, und 2) daſs die jüngeren Glieder der Ertragstafeln für mäſsige und starke Durchforstung miteinander übereinstimmen müssen. Wenn letzteres aber der Fall sein soll, so erscheint es notwendig, daſs auch zwischen den älteren Gliedern derselben gewisse gesetzmäſsige Beziehungen bestehen. Es handelte sich demnach mit anderen Worten zunächst darum, die Frage zu erörtern: Welchen Einfluſs übt ein stärkerer Durchforstungsgrad auf den Entwicklungsgang eines Bestandes?

Zur Beantwortung derselben konnten die oben mitgeteilten Aufnahmsergebnisse der Ertragsprobeflächen deshalb nicht benutzt werden, weil ja der bisherige Wachstumsgang unter gleichartigen Bedingungen verlaufen war, während es sich doch um die Untersuchung des Einflusses verschiedener Behandlungsweise handelte.

Beobachtungen hierfür lagen aber in den Ergebnissen der Durchforstungsversuchsflächen vor, welche ja speziell zur Erforschung dieser Frage bestimmt sind. Leider ist deren Zahl namentlich für das höhere Alter nicht so ausreichend und die frühere Aufnahmsmethode, wenigstens für derartige feinere Untersuchungen, nicht so scharf, daſs die bisher gewonnenen Resultate die wünschenswerte volle wissenschaftliche Schärfe besäſsen[1]); immerhin bieten dieselben aber doch ein sehr wertvolles Material zur Beantwortung unserer Frage.

Die hier in Betracht kommenden Zahlen sind folgende:

---

[1]) Ich glaube bei dieser Gelegenheit nochmals betonen zu müssen, dass die von den forstlichen Versuchsanstalten zuerst angewandte Methode der Massenermittlung sowie die Behandlung der ständigen Versuchsflächen sich als ungenügend erwiesen hat, um aus wenigen Beständen wissenschaftlich unanfechtbare Resultate zu gewinnen, welche als Grundlage für die Weiterentwicklung der Wirtschaft unentbehrlich sind. Hierzu ist eine etwas zeitraubende, aber sehr wohl durchführbare Verbesserung unserer Beobachtungsmethoden unumgänglich notwendig. Wer sich aber mit solchen Fragen eingehender beschäftigt hat, besitzt auch das beste Urteil über den Wert bezw. die Wertlosigkeit vieler sogenannter „exakter Versuche", auf welche gestützt eine vollständige Reform der Wirtschaft gefordert wird!

Nummer	Ober-försterei	Jagen	Durch-forstungsart	Alter	Dauer des Ver-suches	Gesamt-zuwachs an		Differenz der stark durchforsteten Fläche gegenüber mäfsig durch-forsteter	
				Jahre	Jahre	Fläche qm	Masse fm	Fläche qm	Masse fm
1	Mühlenbeck.	110a	mäfsig / stark	30–45	15	18,339 / 18,123	— / —	−0,216	—
2	Mühlenbeck.	36a	mäfsig / stark	43–58	15	12,977 / 12,576	— / —	−0,401	—
3	Freienwalde.	195	mäfsig / stark	48–67	19	12,16 / 13,67	210,75 / 223,06	+0,51	+12,31
4	Freienwalde.	188	mäfsig / stark	77–83	7	4,91 / 5,15	79,57 / 76,80	+0,24	−2,77
5	Uslar . . .	97	stark / gelichtet auf 50 % des stark durch-forsteten Bestandes	83–100	18	8,86 / 10,26	92,8 / 90,8	+1,40	−2,00

Auf Grund dieser Zahlen und der sonstigen mir vorliegenden Untersuchungsergebnisse glaube ich nach dem jetzigen Stand unserer Kenntnisse folgende Ansicht über den Einfluſs verschiedener Durchforstungsgrade auf Buchenbestände aussprechen zu dürfen:

1) Im Stangenholzalter liefert der mäfsige Durchforstungsgrad das Maximum der Gesamtproduktion sowohl an Kreisfläche als auch an Masse.

2) Im Baumholzalter bewirkt jede Lockerung des mäfsig durchforsteten Bestandes bei längerer Dauer infolge des Lichtstandszuwachses eine Vermehrung der Gesamtproduktion an Kreisfläche. Diese ist bei dem schwächsten Lichtungsgrade, den wir als starke Durchforstung bezeichnen, nur gering, nimmt aber in den höheren Lebensaltern bei schärferen Eingriffen ganz erheblich zu. Die Uslarer Flächen zeigen z. B. bei einer Entnahme von 50% noch eine nennenswerte Mehrproduktion auf der Lichtungsfläche.

3) Solange auf der stark durchforsteten bezw. gelichteten Fläche der Kreisflächenzuwachs hinter jenem der mäsig durchforsteten Vergleichsfläche zurückbleibt oder diesen höchstens erreicht, bleibt die Gesamtmassenproduktion an Derbholz der ersteren hinter jener der Vergleichsfläche zurück. Im Baumholzalter genügt jedoch die geringe Steigerung, welche der Kreisflächenzuwachs durch die starke Durchforstung erfährt,

um die Massenproduktion in beiden Fällen gleichmäfsig zu gestalten. Bei noch schärferen Eingriffen wird alsdann wieder ein Punkt erreicht, von dem ab die Gesamtmassenproduktion trotz des überwiegenden Kreisflächenzuwachses hinter jener des geschlossenen Bestandes zurückbleibt.

Diese aus den Beobachtungen abgeleiteten Sätze lassen sich auch in folgender allgemeinen Fassung auf theoretischem Wege begründen:

Zwei verschieden durchforstete bezw. gelichtete Bestände von gleichem Alter und gleichen Standortsverhältnissen besitzen die Kreisflächen g_1 und g_2, der Gesamtzuwachs an Kreisfläche ist α_1 bezw. α_2, die Höhen h_1 und h_2 müssen infolge der verschiedenen Behandlungsweise ungleich sein, während der Höhenzuwachs β in beiden Fällen der nämliche ist; ferner dürfen auch nicht nur die Formzahlen f, sondern, bei Durchforstungen wenigstens, auch die Formzahlenveränderungen γ als gleich vorausgesetzt werden. Die Massenzuwachsgröfsen Z_1 und Z_2 sind daher:

$$(g_1 + \alpha_1)\,(h_1 + \beta)\,(f + \gamma) - g_1\,h_1\,f = Z_1$$
$$(g_2 + \alpha_2)\,(h_2 + \beta)\,(f + \gamma) - g_2\,h_2\,f = Z_2$$
$$g_1\,\beta\,f + f\,\alpha_1\,h_1 + f\,\alpha_1\,\beta + g_1\,h_1\,\gamma + g_1\,\beta\,\gamma + \alpha_1\,h_1\,\gamma + \alpha_1\,\beta\,\gamma = Z_1$$
$$g_2\,\beta\,f + f\,\alpha_2\,h_2 + f\,\alpha_2\,\beta + g_2\,h_2\,\gamma + g_2\,\beta\,\gamma + \alpha_2\,h_2\,\gamma + \alpha_2\,\beta\,\gamma = Z_2$$

der Massenzuwachs wird demnach auf beiden Vergleichsflächen der nämliche sein, wenn:

$$f\,\beta\,(g_1 + \alpha_1) + f\,h_1\,\alpha_1 + h_1\,\gamma\,(g_1 + \alpha_1 + \beta\,\gamma\,(g_1 + \gamma_1 = f\,\beta\,(g_2 + \alpha_2) +$$
$$f\,h_2\,\alpha_2 + h_2\,\gamma\,(g_2 + \alpha_2) + \beta\,\gamma\,(g_2 + \alpha_2) \quad \text{oder:}$$
$$(g_1 + \alpha_1)\,[\beta\,(f + \gamma) + h_1\,\gamma] + f\,h_1\,\alpha_1 = (g_2 + \alpha_2)\,[\beta\,(f + \gamma) + h_2\,\gamma] +$$
$$f\,h_2\,\alpha_2 \qquad\qquad 1)$$

Diese vollständige Formel läfst sowohl die absolute Gröfse des Massenzuwachses, als das gegenseitige Verhalten auf den beiden Vergleichsflächen erkennen. Wenn es sich aber nur darum handelt, die Gleicheit oder Ungleichheit des Zuwachses zu untersuchen, ohne dessen Gröfse zu bestimmen, so kann man sehr zweckmäfsig eine durch Vernachlässigung der Glieder mit γ abgeleitete Näherungsformel benutzen, welche folgendermafsen lautet:

$$\beta\,(g_1 + \alpha_1) + h_1\,\alpha_1 = \beta\,(g_2 + \alpha_2) + h_2\,\alpha_2 \qquad\qquad 2)$$

Ein Zahlenbeispiel möge diese Ausführungen bestätigen und erläutern:

Die Zahlen sind den unter Nr. 18 der Tabelle I aufgeführten Durchforstungsversuchsflächen in Freienwalde, Distrikt 195, entnommen, welche sich hierzu am besten eignet, weil sie am längsten nach der genauen Untersuchungsmethode behandelt ist; zu bemerken bleibt noch, daſs die Formzahlen im Jahre 1888: 0,480 und 1892: 0,484 waren.

Unter Benutzung von Formel 1) ergiebt sich:

$$28,67 \, (1,15 \cdot 0,484 + 22,5 \cdot 0,004) + 0,480 \times 22,5 \times 3,13 = 30,2$$
$$(1,15 \cdot 0,484 + 22,4 \cdot 0 \cdot 0,004) + 0,480 \times 22,4 \times 3,04$$

und hieraus:

$$52,34 = 52,21,$$

der Zuwachs der stark durchforsteten Fläche ist demnach $= 52,34$ fm

„ „ „ mäſsig „ „ „ „ $= 52,21$ „

also thatsächliche Gleichheit, wie gefordert.

Unter Benutzung von Formel 2) kommen folgende Zahlen zum Vorschein:

$$1,15 \times 28,67 + 22,5 \times 3,13 = 1,15 \times 30,2 + 22,4 \times 3,04$$
$$103,39 = 102,83.$$

Wie oben bereits bemerkt, geben diese Zahlen 103,39 und 102,83 keinen direkten Aufschluſs über die Gröſse des Zuwachses, sondern nur unter Voraussetzung einer während der betreffenden Zuwachsperiode für beide Flächen gleichmäſsigen Formzahlentwicklung den Quotienten von Zuwachs und Formzahl $\frac{Z}{f}$.

Nach diesen Untersuchungen wurde zur Bearbeitung der Ertragstafeln Nr. B unter folgenden Voraussetzungen geschritten:

1) Im Stangenholzalter ist der mäſsige Durchforstungsgrad beizubehalten, die beiden Ertragstafeln stimmen daher je nach den Bonitäten bis zu den Altersstufen 60, 70, 80 und 100 vollständig überein, auf der V. Bonität wird die Mittelstärke von 20 cm überhaupt nicht erreicht, eine besondere Behandlung erscheint demnach hier nicht erforderlich.

2) Die Gesamtmassenproduktion von Derbholz ist für beide Tafeln als gleich anzunehmen, dagegen besitzt die starke Durchforstung gegenüber der mäſsigen einen etwas gesteigerten Kreisflächenzuwachs.

3) Die Derbholzformzahlen sind für beide Tafeln als gleich vorauszusetzen, die Baumformzahlen erhöhen sich jedoch infolge der im freien Stande vermehrten Kronenausbreitung für die höheren Altersstufen der starken Durchforstung um etwas gegen die mäſsige Durchforstung.

Die erste Arbeit bestand nun wieder in der Ableitung der Höhenkurven. Da in den Lebensaltern, um welche es sich hier handelte, der etwas gedrängtere oder lichtere Schluſs einen Einfluſs auf die absolute Gröſse des Höhenzuwachses nicht ausübt und da ferner der Unterschied der Mittelhöhen, soweit dieser eine Folge der verschiedenen Durchforstung ist, äuſserstenfalls nur wenige Decimeter beträgt, so konnte diese Aufgabe am einfachsten dadurch gelöst werden, daſs man die aus Tabelle I ersichtlichen Höhendifferenzen zwischen mäſsiger und starker Durchforstung dazu benutzte, um durch Ausgleichung derselben die Beträge abzuleiten, um welche die Mittelhöhen der mäſsigen Durchforstung erhöht werden muſsten.

Für die Derbholzmassen wurden zunächst die Ziffern der Gesamtwachstumsleistung gemäſs den obenstehenden Ausführungen einfach übernommen, die Derbholzkurven des Hauptbestandes konnten auf graphischem Wege in bekannter Weise aus den in Tabelle I mitgeteilten Ziffern für die stark durchforsteten Bestände abgeleitet werden. Bei Konstruktion derselben war zu beachten, daſs die Kurvenstücke für die jüngeren Lebensalter bis zum Beginne der starken Durchforstung für beide Tafeln die nämlichen sein muſsten, die Fixpunkte für das Alter 100 wurden unter Benutzung der schon früher zu diesem Zwecke benutzten Bestände festgelegt.

Aus der Differenz des Gesamtzuwachses einerseits und der Hauptbestandsmassen andererseits ergaben sich die Beträge für die Durchforstung in einfacher Weise.

Da die Derbholzformzahlen als gleich vorausgesetzt waren, so konnten die Kreisflächen des stark durchforsteten Hauptbestandes zunächst aus der Formel $g = \dfrac{m}{h\,f}$ berechnet werden. Durch Vergleichung dieser Gröſsen mit den Ergebnissen der Ableitung auf graphischem Wege und die notwendige rechnerische Ausgleichung konnten sowohl diese Reihen selbst, als auch jene der Hauptbestandsmassen geprüft und, soweit erforderlich, berichtigt werden.

Die Stammzahlkurven wurden auf graphischem Wege aus den Aufnahmsergebnissen unter Benutzung der für das Stangenholzalter bereits festgelegten Kurvenstücke entwickelt. Als Anhaltspunkte für die Korrektur konnten die Mitteldurchmesser benutzt werden, da letztere sowohl für den Hauptbestand als auch für den Nebenbestand bei der starken Durchforstung stets bedeutender sein mußten, als die für die mäßige Durchforstung ermittelten Beträge.

Verhältnismäßig am schwierigsten war die Bestimmung der Kreisfläche des Nebenbestandes und damit gleichzeitig jene des Gesamtkreisflächenzuwachses, da hierfür sichere direkte Messungen nicht vorlagen, sondern aus den vorausgegangenen Untersuchungen nur bekannt war, daß der Gesamtkreisflächenzuwachs der starken Durchforstung etwas, jedoch nicht erheblich größer sei, als jener der mäßigen Durchforstung.

Nach einigen Versuchen gelang es jedoch, durch Benutzung der Formhöhe (hf) zu einem befriedigenden Resultate zu gelangen.

Zur Korrektur der auf diesem Wege erhaltenen Resultate diente die Vergleichung des Mitteldurchmessers der mäßigen und starken Durchforstung.

Auf diese Weise wurde festgestellt, daß der Mehrbetrag des Gesamtzuwachses an Kreisfläche für die starke Durchforstung gegenüber der mäßigen

bei der   I. Bonität 0,5 qm

„   „   II.   „   0,4 „

„   „   III.   „   0,3 „

„   „   IV.   „   0,2 „

beträgt.

Den Schluß dieses Arbeitsteiles bildete die Ermittlung des Reisholzes für die starke Durchforstung. Dieses geschah unter der Annahme, daß infolge des freieren Standes die Astverbreitung der starken Durchforstung größer wird als jene der mäßig durchforsteten Bestände. Die Baumformzahl der mäßigen Durchforstung wurde demgemäß für die höheren Altersstufen etwas erhöht und hiernach zunächst die Gesamtmasse, sowie in der Differerenz zwischen dieser und der Derbholzmasse die Menge des Reisholzes gefunden.

Es erübrigt hier nur noch, einige Worte über die Gründe zu sagen, welche mich veranlaßt haben, die Ertragstafeln für 140 Jahre zu berechnen, da dieser Zeitraum nicht unerheblich größer ist, als jener, während dessen fast nach allen Forsteinrichtungswerken die Buchenbestände im Schlusse belassen werden sollen; meist ist ein erheblich niederes Alter, gewöhnlich jenes von 100—120 Jahren, für den Beginn der Verjüngung vorgesehen.

Es liegt mir ferne, hierdurch ausdrücken zu wollen, daſs ich meinerseits eine derartige Behandlungsweise für richtiger halten würde, ich habe mich vielmehr hierbei nur durch die Rücksicht auf die thatsächlichen Verhältnisse leiten lassen. Wir haben nämlich in den preuſsischen, und wohl ebenso auch in den meisten anderen deutschen Buchengebieten, gegenwärtig noch zahlreiche und ausgedehnte Buchenbestände, welche zwischen 120 und 180 Jahren alt sind, ohne in Betrieb genommen zu sein; dieses Verhältnis hat auch in der relativ erheblichen Zahl von sehr alten Probeflächen seinen Ausdruck gefunden.

In den Bestandesbeschreibungen erscheinen diese Bestände allerdings meist ganz bedeutend jünger, ich habe noch bei keiner Holzart solche groſse Verschiedenheiten zwischen den Altersangaben, welche mir bei der Auswahl von Probeflächen von seiten der Herren Revierverwalter gemacht wurden, und dem Ergebnis der sorgfältigen Altersermittlungen bei den Aufnahmen gefunden, als gerade bei der Buche. Angeblich 80—90jährige Bestände sind thatsächlich häufig 120—130jährig, und die 120jährigen oft genug 160—180jährig! Die Folge hiervon ist natürlich ein Überschätzen der Bonität, und manche für das betreffende Lokalforstpersonal anscheinend auffallende Einreihung der Probeflächen in die verschiedenen Bonitäten in Tabelle I findet ihre Erklärung in diesem Umstande. Ich bemerke hierbei noch ausdrücklich, daſs bei den Altersbestimmungen, wo Zweifel bezüglich der Berechnung entstanden, stets das sogenannte wirtschaftliche Alter und nicht das physische Alter der Probestämme zu Grunde gelegt worden ist, es hat demnach kein ungerechtfertigtes Hinaufschrauben der Bestandesalter stattgefunden.

Unter diesen Verhältnissen hielt ich es für meine Aufgabe, diese taxatorischen Grundlagen bis zu jener Alterstufe fortzuführen, welche dem gegenwärtigen Durchschnitte entspricht und für welche auch vollständig ausreichendes Grundlagenmaterial noch vorhanden gewesen ist.

Normal-Ertragstafel
für die Buche.

A. Mäfsige

I. Bonität.

Alter	Stamm-zahl	Stamm-grund-fläche	Mittel-höhe	Jährlicher Zuwachs der Mittelhöhe laufen-der	durch-schnitt-licher	Mitt-lerer Durch-messer	Masse Derb-holz	Reis-holz	Derb- und Reis-holz	Formzahl Derb-holz	Baum	Periodischer Stamm-zahl	Stamm-grund-fläche
Jahre		qm	m	cm		cm	fm						qm
20	6310	9,1	5,5	42	28	4,3	—	38	38	0,00	0,76	—	—
25	5140	12,7	7,5	42	30	5,6	18	50	68	0,19	0,72	1170	0,70
30	3815	17,0	9,6	42	32	7,5	48	64	112	0,29	0,69	1325	2,00
35	2980	20,8	11,7	40	33	9,4	86	76	160	0,35	0,66	835	2,40
40	2335	24,2	13,6	37	34	11,5	136	74	210	0,41	0,64	645	2,70
45	1850	27,3	15,4	35	34	13,7	185	76	261	0,44	0,62	485	2,70
50	1495	30,0	17,1	34	34	16,0	233	80	313	0,45	0,61	355	2,70
55	1240	32,2	18,8	33	35	18,2	277	86	363	0,46	0,60	255	2,70
60	1057	34,0	20,4	31	34	20,2	322	89	411	0,46	0,59	183	2,60
65	922	35,5	21,9	29	34	22,1	365	92	457	0,47	0,59	135	2,50
70	817	36,8	23,3	27	33	24,0	406	94	500	0,47	0,58	105	2,40
75	737	38,0	24,6	25	33	25,6	445	95	540	0,48	0,58	80	2,30
80	672	39,0	25,8	23	32	27,2	483	96	579	0,48	0,57	65	2,15
85	617	39,9	26,9	21	32	28,7	519	97	616	0,48	0,57	55	2,05
90	569	40,7	27,9	19	31	30,2	553	98	651	0,49	0,57	48	1,95
95	527	41,5	28,8	17	30	31,7	587	99	686	0,49	0,57	42	1,80
100	491	42,2	29,6	16	30	33,1	620	100	720	0,50	0,57	36	1,70
105	460	42,8	30,4	15	29	34,4	651	101	752	0,50	0,58	31	1,60
110	434	43,4	31,1	13	28	35,7	681	102	783	0,50	0,58	26	1,45
115	412	44,0	31,7	12	27	36,9	709	103	812	0,51	0,58	22	1,40
120	393	44,5	32,3	11	26	38,0	736	104	840	0,51	0,58	19	1,30
125	376	45,0	32,8	10	26	39,1	762	105	867	0,52	0,58	17	1,25
130	360	45,5	33,3	9	26	40,1	787	106	893	0,52	0,59	16	1,20
135	345	46,0	33,7	8	25	41,2	810	108	918	0,52	0,59	15	1,20
140	331	46,5	34,1	7	24	42,4	831	110	941	0,53	0,59	14	1,15

Durchforstung.

Abgang					Hauptbestand und periodischer Abgang				Massen-Zuwachs								Alter
Masse			Summe der Vorerträge		Gesamt-Masse		gesamter Abgang in % der Gesamtmasse		durchschnittlich-jährlicher				laufend jährlicher				
									des Hauptbestandes		der Gesamtmasse		der Gesamtmasse				
Derbholz	Reisholz	Derb- und Reisholz	Derbholz	Derb- und Reisholz	Derbholz	Derb- und Reisholz	Derbholz	Derb- und Reisholz	Derbholz	Derb- u.Reisholz	Derbholz	Derb- u.Reisholz	Derbholz		Derb- und Reisholz		
fm					fm		%		fm				fm	%	fm	%	Jahre
—	—	—	—	—	—	38	—	—	—	1,9	—	1,9	—	—	6,0	15,8	20
—	3	3	—	3	18	71	—	4,2	0,7	2,7	0,7	2,8	4,4	24,4	8,8	12,9	25
—	11	11	—	14	48	126	—	11,1	1,6	3,7	1,6	4,2	6,8	14,2	12,0	10,7	30
—	16	16	—	30	86	190	—	15,8	2,5	4,5	2,5	5,4	9,7	11,3	13,4	8,4	35
9	11	20	9	50	145	260	6,2	19,2	3,4	5,2	3,6	6,5	12,0	8,8	14,5	6,9	40
12	10	22	21	72	206	333	10,2	21,6	4,1	5,8	4,6	7,4	12,5	6,8	15,2	5,8	45
16	8	24	37	96	270	409	13,7	23,5	4,6	6,3	5,4	8,2	12,7	5,4	15,2	4,9	50
19	6	25	56	121	333	484	16,8	25,0	5,0	6,6	6,0	8,8	12,8	4,6	14,8	4,1	55
20	5	25	76	146	398	557	19,1	26,2	5,4	6,8	6,6	9,3	12,9	4,0	14,4	3,5	60
21	4	25	97	171	462	628	21,0	27,2	5,6	7,0	7,1	9,6	12,7	3,5	13,9	3,0	65
22	3	25	119	196	525	696	22,7	28,2	5,8	7,1	7,5	9,9	12,5	3,1	13,4	2,7	70
23	3	26	142	222	587	762	24,2	29,1	5,9	7,2	7,8	10,2	12,2	2,7	13,0	2,4	75
22	3	25	164	247	647	826	25,3	29,9	6,0	7,2	8,1	10,3	11,8	2,4	12,6	2,2	80
22	3	25	186	272	705	888	26,3	30,6	6,1	7,2	8,3	10,4	11,4	2,2	12,1	2,0	85
22	2	24	208	296	761	947	27,2	31,3	6,1	7,2	8,5	10,5	11,1	2,0	11,7	1,8	90
21	2	23	229	319	816	1005	28,0	31,8	6,2	7,2	8,6	10,6	10,8	1,8	11,4	1,7	95
20	2	22	249	341	869	1061	28,7	32,2	6,2	7,2	8,7	10,6	10,4	1,7	11,0	1,5	100
20	2	22	269	363	920	1115	29,2	32,6	6,2	7,2	8,8	10,6	10,0	1,5	10,6	1,4	105
19	2	21	288	384	969	1167	29,7	32,9	6,2	7,1	8,8	10,6	9,6	1,4	10,2	1,3	110
19	2	21	307	405	1016	1217	30,2	33,3	6,2	7,1	8,8	10,6	9,2	1,3	9,8	1,2	115
18	2	20	325	425	1061	1265	30,6	33,6	6,1	7,0	8,8	10,5	8,9	1,2	9,5	1,1	120
18	2	20	343	445	1105	1312	31,0	33,9	6,1	6,9	8,8	10,5	8,6	1,1	9,2	1,1	125
17	2	19	360	464	1147	1357	31,4	34,2	6,1	6,9	8,8	10,4	8,2	1,0	8,9	1,0	130
17	2	19	377	483	1187	1401	31,8	34,5	6,0	6,8	8,8	10,4	7,8	1,0	8,6	0,9	135
17	2	19	394	502	1225	1443	32,2	34,8	5,9	6,7	8,7	10,3	7,5	0,9	8,3	0,9	140

A. Mäfsige Durchforstung.

II. Bonität.

Alter (Jahre)	Hauptbestand											Periodischer	
	Stammzahl	Stammgrundfläche (qm)	Mittelhöhe (m)	Jährlicher Zuwachs der Mittelhöhe — laufender (cm)	durchschnittlicher (cm)	Mittlerer Durchmesser (cm)	Masse — Derbholz (fm)	Reisholz (fm)	Derb- und Reisholz (fm)	Formzahl — Derbholz	Baum	Stammzahl	Stammgrundfläche (qm)
25	5820	11,0	6,2	40	25	4,9	6	51	57	0,09	0,74	—	—
30	4420	14,9	8,2	39	27	6,5	25	61	86	0,20	0,70	1400	1,80
35	3530	18,1	10,1	37	29	8,1	60	63	123	0,33	0,67	890	1,90
40	2840	21,6	11,9	35	30	9,8	102	64	166	0,40	0,65	690	2,00
45	2330	24,6	13,6	33	30	11,6	144	66	210	0,43	0,63	510	2,10
50	1920	27,1	15,2	31	30	13,3	184	68	252	0,45	0,61	410	2,20
55	1610	29,1	16,7	29	30	15,0	223	69	292	0,46	0,60	310	2,30
60	1395	30,7	18,1	28	30	16,6	260	71	331	0,47	0,60	215	2,25
65	1230	32,0	19,5	27	30	18,2	295	73	368	0,47	0,59	165	2,20
70	1085	33,1	20,8	25	30	19,8	329	74	403	0,48	0,59	145	2,15
75	960	34,0	22,0	24	30	21,3	361	75	436	0,48	0,58	125	2,05
80	855	34,9	23,2	22	29	22,8	392	76	468	0,48	0,58	105	1,95
85	770	35,7	24,2	21	29	24,3	421	77	498	0,48	0,58	85	1,90
90	705	36,4	25,3	19	28	25,6	449	78	527	0,49	0,57	65	1,75
95	657	37,0	26,2	17	28	26,8	475	79	554	0,49	0,57	48	1,65
100	617	37,5	27,0	15	27	27,8	500	80	580	0,49	0,57	40	1,50
105	582	38,0	27,7	14	27	28,8	524	81	605	0,50	0,58	35	1,45
110	550	38,4	28,4	13	26	29,8	546	82	628	0,50	0,58	32	1,35
115	520	38,8	29,0	12	26	30,8	567	83	650	0,51	0,58	30	1,30
120	492	39,1	29,6	11	26	31,8	587	84	671	0,51	0,58	28	1,25
125	466	39,4	30,1	10	25	32,8	606	85	691	0,51	0,58	26	1,20
130	442	39,6	30,6	9	24	33,8	624	86	710	0,52	0,59	24	1,20
135	420	39,8	31,0	8	23	34,7	641	87	728	0,52	0,59	22	1,15
140	400	40,0	31,4	7	22	35,7	658	88	746	0,52	0,59	20	1,15

Abgang					Hauptbestand und periodischer Abgang				Massen-Zuwachs								Alter
Masse			Summe der Vorerträge		Gesamtmasse		gesamter Abgang in % der Gesamtmasse		durchschnittlich-jährlicher				laufend jährlicher				
									des Hauptbestandes		der Gesamtmasse		der Gesamtmasse				
Derbholz	Reisholz	Derb- und Reisholz	Derbholz	Derb- und Reisholz	Derbholz	Derb- und Reisholz	Derbholz	Derb- und Reisholz	Derbholz	Derb- u.Reisholz	Derbholz	Derb- u.Reisholz	Derbholz		Derb- und Reisholz		
fm					fm		%		fm				fm	%	fm	%	Jahre
—	—	—	—	—	6	57	—	—	0,2	2,3	0,2	2,3	1,2	20,0	6,5	11,4	25
—	6	6	—	6	25	92	—	6,5	0,8	2,8	0,8	3,1	3,9	15,2	7,2	9,4	30
—	9	9	—	15	60	138	—	10,9	1,7	3,5	1,7	3,9	7,0	11,7	10,4	8,5	35
—	15	15	—	30	102	196	—	15,3	2,5	4,1	2,5	4,9	8,4	8,4	11,8	7,1	40
8	8	16	8	46	152	256	5,3	18,0	3,2	4,7	3,4	5,7	10,0	6,9	12,0	5,7	45
12	5	17	20	63	204	315	9,8	20,0	3,7	5,0	4,1	6,3	10,4	5,6	11,8	4,7	50
14	4	18	34	81	257	373	13,2	21,7	4,0	5,3	4,7	6,8	10,6	4,7	11,6	4,0	55
15	3	18	49	99	309	430	15,9	23,1	4,3	5,5	5,1	7,2	10,5	4,0	11,4	3,4	60
17	3	20	66	119	361	487	18,3	24,5	4,5	5,7	5,5	7,5	10,4	3,5	11,2	3,0	65
18	3	21	84	140	413	543	20,4	25,8	4,7	5,8	5,9	7,8	10,3	3,1	11,0	2,7	70
18	3	21	102	161	463	597	22,0	27,0	4,8	5,8	6,2	8,0	10,1	2,8	10,7	2,4	75
18	3	21	120	182	512	650	23,4	28,1	4,9	5,8	6,4	8,2	9,8	2,5	10,4	2,2	80
19	3	22	139	204	560	702	24,7	29,1	4,9	5,8	6,6	8,3	9,5	2,2	10,1	2,0	85
18	3	21	157	225	606	752	25,9	30,0	5,0	5,8	6,7	8,3	9,2	2,0	9,7	1,8	90
18	2	20	175	245	650	799	26,9	30,7	5,0	5,8	6,8	8,4	8,9	1,9	9,3	1,7	95
17	2	19	192	264	692	844	27,7	31,3	5,0	5,8	6,9	8,4	8,5	1,7	8,9	1,5	100
17	2	19	209	283	733	888	28,5	31,9	5,0	5,8	7,0	8,5	8,1	1,5	8,5	1,4	105
16	2	18	225	301	771	929	29,2	32,4	5,0	5,7	7,0	8,4	7,7	1,4	8,1	1,3	110
16	2	18	241	319	808	969	29,8	32,9	4,9	5,6	7,0	8,4	7,3	1,3	7,9	1,2	115
16	2	18	257	337	844	1008	30,4	33,4	4,9	5,6	7,0	8,4	7,0	1,2	7,6	1,1	120
15	2	17	272	354	878	1045	31,0	33,9	4,8	5,5	7,0	8,4	6,8	1,1	7,3	1,1	125
15	2	17	287	371	911	1081	31,5	34,4	4,8	5,5	7,0	8,3	6,6	1,1	7,1	1,0	130
15	2	17	302	388	943	1116	32,0	34,8	4,7	5,4	7,0	8,3	6,5	1,0	7,0	1,0	135
15	2	17	317	405	975	1151	32,5	35,2	4,7	5,3	7,0	8,2	6,4	1,0	7,0	0,9	140

A. Mäfsige Durchforstung.

III. Bonität.

| Alter | Stamm-zahl | Stamm-grund-fläche | Mittel-höhe | Jährlicher Zuwachs der Mittelhöhe | | Mitt-lerer Durch-messer | Masse | | | Formzahl | | Periodischer Stamm-zahl | Periodischer Stamm-grund-fläche |
| | | | | laufen-der | durch-schnitt-licher | | Derb-holz | Reis-holz | Derb-und Reis-holz | Derb-holz | Baum | | |
Jahre		qm	m	cm		cm	fm						qm
30	5110	12,2	7,0	32	23	5,3	6	56	62	0,07	0,73	—	—
35	4220	15,4	8,6	32	25	6,8	33	58	91	0,25	0,69	940	1,60
40	3430	18,5	10,2	31	25	8,3	66	59	125	0,35	0,66	790	1,80
45	2845	21,4	11,7	29	26	9,8	105	56	161	0,42	0,64	585	1,90
50	2400	24,0	13,1	28	26	11,3	140	58	198	0,45	0,63	445	1,90
55	2065	26,1	14,5	27	26	12,7	173	60	233	0,46	0,62	335	1,90
60	1810	27,8	15,8	25	26	14,0	204	62	266	0,46	0,61	255	1,90
65	1605	29,1	17,0	24	26	15,2	233	64	297	0,47	0,60	205	1,90
70	1430	30,1	18,2	23	26	16,4	260	66	326	0,47	0,60	175	1,90
75	1280	30,9	19,3	22	26	17,5	286	67	353	0,48	0,59	150	1,80
80	1150	31,5	20,4	21	26	18,6	310	68	378	0,48	0,59	130	1,80
85	1040	32,0	21,4	19	25	19,7	332	69	401	0,48	0,59	110	1,70
90	950	32,4	22,3	18	25	20,8	353	69	422	0,49	0,58	90	1,60
95	870	32,8	23,2	17	24	21,9	372	70	442	0,49	0,58	80	1,55
100	800	33,1	24,0	15	24	23,0	390	70	460	0,49	0,58	70	1,40
105	740	33,4	24,7	14	23	24,0	407	70	477	0,49	0,58	60	1,35
110	687	33,7	25,4	13	23	25,0	423	71	494	0,49	0,58	53	1,30
115	640	34,0	26,0	11	23	26,0	438	71	509	0,49	0,58	47	1,25
120	598	34,3	26,5	10	23	27,0	452	72	524	0,50	0,58	42	1,20
125	561	34,5	27,0	9	22	28,0	465	73	538	0,50	0,58	37	1,15
130	529	34,7	27,4	8	21	28,9	477	74	551	0,50	0,58	32	1,10
135	502	34,8	27,8	8	21	29,7	488	75	563	0,51	0,58	27	1,05
140	477	34,9	28,2	7	20	30,5	498	76	574	0,51	0,58	25	1,05

Abgang					Hauptbestand und periodischer Abgang				Massen-Zuwachs								Alter
Masse			Summe der Vorerträge		Gesamtmasse		gesamter Abgang in % der Gesamtmasse		durchschnittlich-jährlicher				laufend jährlicher				
									des Hauptbestandes		der Gesamtmasse		der Gesamtmasse				
Derbholz	Reisholz	Derb- und Reisholz	Derbholz	Derb- und Reisholz	Derbholz	Derb- und Reisholz	Derbholz	Derb- und Reisholz	Derbholz	Derb- u.Reis.holz	Derbholz	Derb- u.Reis.holz	Derbholz		Derb- und Reisholz		
fm					fm		%		fm				fm	%	fm	%	Jahre
—	—	—	—	—	6	62	—	—	0,2	2,0	0,2	2,1	4,0	66,7	6,0	9,7	30
—	6	6	—	6	33	97	—	6,2	0,9	2,6	0,9	2,8	6,0	18,2	7,9	8,7	35
—	10	10	—	16	66	141	—	11,3	1,6	3,1	1,6	3,5	7,2	10,9	9,1	7,3	40
—	11	11	—	27	105	188	—	14,4	2,3	3,6	2,3	4,2	8,0	7,6	9,6	6,0	45
6	6	12	6	39	146	237	4,1	16,5	2,8	4,0	2,9	4,7	8,2	5,9	9,7	4,9	50
9	4	13	15	52	188	285	8,0	18,2	3,1	4,2	3,4	5,2	8,3	4,8	9,4	4,0	55
10	3	13	25	65	229	331	10,9	19,6	3,4	4,4	3,8	5,5	8,1	4,0	9,1	3,4	60
11	3	14	36	79	269	376	13,4	21,0	3,6	4,5	4,1	5,8	7,9	3,4	8,9	3,0	65
12	3	15	48	94	308	420	15,6	22,4	3,7	4,6	4,4	6,0	7,7	3,0	8,6	2,6	70
12	3	15	60	109	346	462	17,3	23,7	3,8	4,7	4,6	6,2	7,5	2,6	8,3	2,3	75
13	3	16	73	125	383	503	19,1	24,9	3,8	4,7	4,8	6,3	7,3	2,3	8,0	2,1	80
14	2	16	87	141	419	542	20,8	26,0	3,8	4,7	4,9	6,4	7,1	2,1	7,7	1,9	85
14	2	16	101	157	454	579	22,4	27,1	3,9	4,7	5,0	6,4	6,9	1,9	7,4	1,7	90
15	2	17	116	174	488	616	23,8	28,2	3,9	4,6	5,1	6,5	6,6	1,8	7,1	1,6	95
14	2	16	130	190	520	650	25,0	29,2	3,9	4,6	5,2	6,5	6,3	1,6	6,8	1,5	100
14	2	16	144	206	551	683	26,1	30,2	3,9	4,5	5,2	6,5	6,1	1,5	6,6	1,4	105
14	2	16	158	222	581	716	27,2	31,0	3,8	4,5	5,3	6,5	5,9	1,4	6,4	1,3	110
14	2	16	172	238	610	747	28,2	31,9	3,8	4,4	5,3	6,5	5,7	1,3	6,2	1,2	115
14	2	16	186	254	638	778	29,2	32,6	3,8	4,4	5,3	6,5	5,5	1,2	6,0	1,1	120
14	2	16	200	270	665	808	30,1	33,4	3,7	4,3	5,3	6,5	5,2	1,1	5,8	1,1	125
13	2	15	213	285	690	836	30,9	34,1	3,7	4,2	5,3	6,4	4,9	1,0	5,5	1,0	130
13	2	15	226	300	714	863	31,7	34,8	3,6	4,2	5,3	6,4	4,7	0,9	5,3	0,9	135
13	2	15	239	315	737	889	32,4	35,4	3,6	4,1	5,3	6,3	4,6	0,9	5,2	0,9	140

A. Mäfsige Durchforstung.

IV. Bonität.

Alter	Stamm-zahl	Stamm-grund-fläche	Mittel-höhe	Jährlicher Zuwachs der Mittelhöhe		Mitt-lerer Durch-messer	Masse			Formzahl		Periodischer Stamm-zahl	Stamm-grund-fläche
				laufen-der	durch-schnitt-licher		Derb-holz	Reis-holz	Derb- und Reis-holz	Derb-holz	Baum		
Jahre		qm	m	cm		cm	fm						qm
30	3835	10,3	5,2	27	17	4,8	—	41	41	0,05	0,77	—	—
35	4845	13,2	6,5	27	19	5,9	20	42	62	0,23	0,73	990	1,40
40	4055	16,4	7,9	27	20	7,2	45	44	89	0,35	0,69	790	1,50
45	3435	19,1	9,2	26	20	8,4	72	46	118	0,41	0,67	620	1,55
50	2955	21,5	10,5	26	21	9,6	101	46	147	0,45	0,65	480	1,55
55	2605	23,6	11,8	25	21	10,7	128	49	177	0,46	0,64	350	1,55
60	2315	25,3	13,0	23	22	11,8	153	52	205	0,46	0,62	290	1,55
65	2065	26,7	14,1	21	22	12,9	177	54	231	0,47	0,61	250	1,50
70	1845	27,8	15,1	19	22	13,9	199	55	254	0,48	0,61	220	1,50
75	1655	28,6	16,0	17	21	14,8	219	56	275	0,48	0,60	190	1,45
80	1495	29,1	16,8	16	21	15,7	237	57	294	0,48	0,60	160	1,40
85	1365	29,5	17,6	15	21	16,6	253	58	311	0,49	0,60	130	1,35
90	1260	29,8	18,3	14	20	17,4	267	59	326	0,49	0,60	105	1,35
95	1170	29,9	19,0	14	20	18,1	279	60	339	0,49	0,60	90	1,35
100	1090	30,0	19,7	13	20	18,8	290	60	350	0,49	0,59	80	1,30
105	1015	30,1	20,3	12	19	19,5	300	60	360	0,49	0,59	75	1,25
110	945	30,1	20,9	11	19	20,2	310	60	370	0,49	0,59	70	1,20
115	880	30,2	21,4	10	19	20,9	319	61	380	0,49	0,59	65	1,15
120	820	30,2	21,9	9	18	21,6	328	61	389	0,49	0,59	60	1,10
125	770	30,3	22,3	7	18	22,3	336	62	398	0,50	0,59	50	1,05
130	730	30,3	22,6	6	17	23,0	344	62	406	0,50	0,59	40	1,00
135	695	30,4	22,9	6	17	23,6	351	63	414	0,50	0,59	35	0,95
140	665	30,4	23,2	5	17	24,1	358	63	421	0,50	0,60	30	0,95

Hauptbestand · Periodischer

Abgang					Hauptbestand und periodischer Abgang				Massen-Zuwachs								Alter
Masse			Summe der Vorerträge		Gesamtmasse		gesamter Abgang in %/o der Gesamtmasse		durchschnittlich-jährlicher				laufend jährlicher				
									des Hauptbestandes		der Gesamtmasse		der Gesamtmasse				
Derbholz	Reisholz	Derb- und Reisholz	Derbholz	Derb- und Reisholz	Derbholz	Derb- und Reisholz	Derbholz	Derb- und Reisholz	Derbholz	Derb- u.Reisholz	Derbholz	Derb- u.Reisholz	Derbholz		Derb- und Reisholz		
fm					fm		%/o		fm				fm	%/o	fm	%/o	Jahre
—	—	—	—	—	—	41	—	—	—	1,4	—	1,4	—	—	4,5	11,0	30
—	5	5	—	5	20	67	—	7,5	0,6	1,8	0,6	1,9	4,5	22,5	5,9	9,5	35
—	6	6	—	11	45	100	—	11,0	1,1	2,2	1,1	2,5	5,2	11,6	6,9	7,7	40
—	7	7	—	18	72	136	—	13,2	1,6	2,6	1,6	3,0	5,6	7,8	7,3	6,2	45
—	8	8	—	26	101	173	—	15,0	2,0	2,9	2,0	3,4	5,8	5,7	7,6	5,2	50
2	7	9	2	35	130	212	1,5	16,5	2,3	3,2	2,4	3,8	5,9	4,6	7,7	4,3	55
5	5	10	7	45	160	250	4,4	18,1	2,5	3,4	2,7	4,2	6,1	4,0	7,4	3,6	60
7	3	10	14	55	191	286	7,3	19,2	2,7	3,5	2,9	4,4	6,0	3,4	6,9	3,0	65
7	3	10	21	65	220	319	9,5	20,4	2,8	3,6	3,1	4,6	5,6	2,8	6,5	2,5	70
7	3	10	28	75	247	350	11,3	21,4	2,9	3,7	3,3	4,7	5,3	2,4	6,1	2,2	75
8	3	11	36	86	273	380	13,2	22,6	3,0	3,7	3,4	4,8	5,0	2,1	5,8	2,0	80
8	3	11	44	97	297	408	15,0	23,8	3,0	3,7	3,5	4,8	4,7	1,9	5,5	1,8	85
9	3	12	53	109	320	435	16,7	25,1	3,0	3,6	3,5	4,8	4,5	1,7	5,2	1,6	90
10	2	12	63	121	342	460	18,4	26,3	2,9	3,6	3,6	4,8	4,3	1,5	4,9	1,4	95
10	2	12	73	133	363	483	20,1	27,5	2,9	3,5	3,6	4,8	4,1	1,4	4,6	1,3	100
10	2	12	83	145	383	505	21,7	28,7	2,9	3,4	3,6	4,8	4,0	1,3	4,4	1,2	105
10	2	12	93	157	403	527	23,1	29,7	2,8	3,4	3,7	4,8	3,9	1,2	4,2	1,1	110
10	1	11	103	168	422	548	24,4	30,6	2,8	3,3	3,7	4,8	3,7	1,2	4,0	1,0	115
9	1	10	112	178	440	567	25,5	31,4	2,7	3,2	3,7	4,7	3,5	1,1	3,8	1,0	120
9	1	10	121	188	457	586	26,5	32,1	2,7	3,2	3,7	4,7	3,4	1,0	3,7	0,9	125
9	1	10	130	198	474	604	27,4	32,7	2,6	3,1	3,6	4,6	3,2	0,9	3,5	0,9	130
8	1	9	138	207	489	621	28,2	33,3	2,6	3,1	3,6	4,6	3,0	0,8	3,3	0,8	135
8	1	9	146	216	504	637	29,0	33,9	2,6	3,0	3,6	4,5	2,9	0,8	3,1	0,8	140

A. Mäfsige Durchforstung.

V. Bonität.

Alter	Hauptbestand											Periodischer	
	Stamm-zahl	Stamm-grund-fläche	Mittel-höhe	Jährlicher Zuwachs der Mittelhöhe		Mitt-lerer Durch-messer	Masse			Formzahl		Stamm-zahl	Stamm-grund-fläche
				laufen-der	durch-schnitt-licher		Derb-holz	Reis-holz	Derb- und Reis-holz	Derb-holz	Baum		
Jahre	qm	m	cm		cm		fm						qm
35	5785	10,5	4,9	26	14	4,8	10	30	40	0,19	0,86	—	—
40	4940	13,0	6,2	25	15	5,8	28	31	59	0,35	0,78	845	1,00
45	4270	15,8	7,4	23	16	6,9	46	37	83	0,39	0,73	670	1,10
50	3740	18,3	8,5	21	17	7,9	65	41	106	0,42	0,68	530	1,10
55	3320	20,5	9,5	19	17	8,9	85	44	129	0,44	0,66	420	1,10
60	2980	22,5	10,4	17	17	9,8	107	44	151	0,46	0,65	340	1,20
65	2700	23,9	11,2	16	17	10,6	127	44	171	0,47	0,64	280	1,20
70	2460	24,9	12,0	15	17	11,3	143	45	188	0,48	0,63	240	1,30
75	2250	25,7	12,7	13	17	12,0	157	46	203	0,48	0,62	210	1,20
80	2060	26,3	13,3	12	17	12,7	169	47	216	0,48	0,62	190	1,10
85	1890	26,7	13,9	11	16	13,4	179	48	227	0,48	0,61	170	1,10
90	1740	26,9	14,4	9	16	14,0	187	49	236	0,48	0,61	150	1,10
95	1610	27,0	14,8	8	16	14,6	194	49	243	0,48	0,61	130	1,10
100	1500	27,1	15,2	8	15	15,2	200	50	250	0,48	0,61	110	1,10
105	1400	27,0	15,6	7	15	15,7	205	50	255	0,49	0,61	100	1,10
110	1310	26,9	15,9	6	14	16,2	209	51	260	0,49	0,61	90	1,10
115	1230	26,8	16,2	6	14	16,7	212	52	264	0,49	0,61	80	1,10
120	1160	26,7	16,5	6	14	17,1	215	52	267	0,49	0,61	70	1,00
125	1100	26,6	16,8	5	13	17,5	218	52	270	0,49	0,61	60	0,90
130	1050	26,5	17,0	5	13	17,9	221	52	273	0,49	0,61	50	0,90
135	1005	26,4	17,3	5	13	18,3	223	53	276	0,49	0,61	45	0,80
140	965	26,2	17,5	4	12	18,6	225	53	278	0,49	0,61	40	0,80

Abgang					Hauptbestand und periodischer Abgang				Massen-Zuwachs								Alter
Masse			Summe der Vorerträge		Gesamt-masse		gesamter Abgang in % der Ge-samtmasse		durchschnittlich-jährlicher				laufend jährlicher				
									des Haupt-bestandes		der Ge-samtmasse		der Gesamtmasse				
Derb-holz	Reis-holz	Derb- und Reis-holz	Derb-holz	Derb- und Reis-holz	Derb-holz	Derb- und Reis-holz	Derb-holz	Derb- und Reis-holz	Derb-holz	Derb- u.Reis-holz	Derb-holz	Derb- u.Reis-holz	Derbholz		Derb- und Reisholz		
fm					fm	%			fm				fm	%	fm	%	Jahre
—	—	—	—	—	10	40	—	—	0,3	1,1	0,3	1,1	3,4	34,0	4,0	10,0	35
—	3	3	—	3	28	62	—	4,8	0,7	1,5	0,7	1,5	3,6	13,6	5,0	8,5	40
—	4	4	—	7	46	90	—	7,8	1,0	1,8	1,0	2,0	3,7	8,0	5,6	6,7	45
—	5	5	—	12	65	118	—	10,2	1,3	2,1	1,3	2,4	3,9	6,0	5,7	5,4	50
—	6	6	—	18	85	147	—	12,2	1,6	2,3	1,6	2,7	4,1	4,8	5,7	4,4	55
—	6	6	—	24	107	175	—	13,7	1,8	2,5	1,8	2,9	4,2	3,9	5,4	3,6	60
—	6	6	—	30	127	201	—	14,9	1,9	2,6	1,9	3,1	3,8	3,0	5,0	2,9	65
—	7	7	—	37	143	225	—	16,4	2,0	2,7	2,0	3,2	3,5	2,4	4,6	2,4	70
2	5	7	2	44	159	247	1,3	17,8	2,1	2,7	2,1	3,3	3,2	2,0	4,2	2,1	75
3	4	7	5	51	174	267	2,9	19,1	2,1	2,7	2,2	3,3	2,9	1,7	3,8	1,8	80
4	3	7	9	58	188	285	4,8	20,4	2,1	2,7	2,2	3,3	2,7	1,5	3,4	1,5	85
5	2	7	14	65	201	301	7,0	21,6	2,1	2,6	2,2	3,3	2,5	1,3	3,0	1,3	90
5	2	7	19	72	213	315	8,9	22,8	2,0	2,6	2,2	3,3	2,3	1,2	2,8	1,1	95
5	2	7	24	79	224	329	10,7	24,0	2,0	2,5	2,2	3,3	2,1	1,1	2,6	1,0	100
5	2	7	29	86	234	341	12,5	25,3	1,9	2,4	2,2	3,2	2,0	1,0	2,5	1,0	105
6	2	8	35	94	244	354	14,3	26,6	1,9	2,4	2,2	3,2	1,9	0,9	2,4	0,9	110
6	2	8	41	102	253	366	16,2	27,9	1,8	2,3	2,2	3,2	1,8	0,8	2,3	0,9	115
6	2	8	47	110	262	377	17,9	29,1	1,8	2,2	2,2	3,1	1,7	0,8	2,1	0,8	120
5	2	7	52	117	270	387	19,3	30,2	1,7	2,1	2,1	3,1	1,6	0,7	1,9	0,7	125
5	1	6	57	123	278	396	20,6	31,1	1,7	2,1	2,1	3,0	1,5	0,7	1,8	0,6	130
5	1	6	62	129	285	405	21,8	31,9	1,6	2,0	2,1	3,0	1,4	0,6	1,7	0,6	135
5	1	6	67	135	292	413	23,0	32,7	1,6	2,0	2,1	2,9	1,3	0,6	1,6	0,6	140

B. Starke
(Mäßige Durchforstung am Stangenholzalter,

I. Bonität.

Alter	Hauptbestand											Periodischer	
	Stammzahl	Stammgrundfläche	Mittelhöhe	Jährlicher Zuwachs der Mittelhöhe		Mittlerer Durchmesser	Masse			Formzahl		Stammzahl	Stammgrundfläche
				laufender	durchschnittlicher		Derbholz	Reisholz	Derb- und Reisholz	Derbholz	Baum		
Jahre	qm	m	cm			cm	fm						qm
20	6310	9,1	5,5	42	28	4,3	—	38	38	—	0,76	—	—
25	5140	12,7	7,5	42	30	5,7	18	50	68	0,19	0,72	1170	0,70
30	3815	17,0	9,6	42	32	7,5	48	64	112	0,29	0,69	1325	2,00
35	2980	20,8	11,7	40	33	9,4	86	76	160	0,35	0,66	835	2,40
40	2335	24,2	13,6	37	34	11,5	136	74	210	0,41	0,64	645	2,70
45	1850	27,3	15,4	35	34	13,7	185	76	261	0,44	0,62	485	2,70
50	1495	30,0	17,1	34	34	16,0	233	80	313	0,45	0,61	355	2,70
55	1240	32,2	18,8	33	34	18,2	277	86	363	0,46	0,60	255	2,70
60	1046	33,9	20,4	31	34	20,3	320	89	409	0,46	0,59	194	2,75
65	898	35,0	21,9	29	34	22,3	359	92	451	0,47	0,59	148	2,90
70	781	35,8	23,3	27	33	24,2	395	93	488	0,47	0,58	117	2,85
75	690	36,5	24,6	25	33	26,0	428	93	521	0,48	0,58	91	2,85
80	615	37,0	25,8	23	32	27,7	459	93	552	0,48	0,57	75	2,65
85	551	37,5	26,9	22	32	29,4	488	93	581	0,48	0,57	64	2,50
90	496	37,9	28,0	20	31	31,1	515	93	608	0,49	0,57	55	2,40
95	449	38,1	28,9	18	30	32,8	540	94	634	0,49	0,58	47	2,40
100	410	38,2	29,8	17	30	34,4	563	95	658	0,50	0,58	39	2,30
105	378	38,2	30,6	15	29	35,9	584	96	680	0,50	0,58	32	2,20
110	352	38,3	31,3	14	28	37,2	604	96	700	0,50	0,58	26	2,05
115	330	38,3	32,0	13	28	38,4	622	97	719	0,51	0,59	22	2,00
120	311	38,2	32,6	11	27	39,6	638	98	736	0,51	0,59	19	1,95
125	294	38,1	33,1	10	26	40,7	653	99	752	0,52	0,60	17	1,90
130	278	38,0	33,6	9	25	41,8	666	100	766	0,52	0,60	16	1,85
135	263	38,0	34,0	8	25	42,9	678	101	779	0,52	0,60	15	1,75
140	248	38,0	34,4	7	25	44,0	689	102	791	0,53	0,60	15	1,65

Durchforstung.

vom Baumholzalter ab starke Durchforstung.)

Abgang					Hauptbestand und periodischer Abgang				Massen-Zuwachs								Alter
Masse			Summe der Vorerträge		Gesamtmasse		gesamter Abgang in % der Gesamtmasse		durchschnittlich-jährlicher				laufend jährlicher				
									des Hauptbestandes		der Gesamtmasse		der Gesamtmasse				
Derb-holz	Reis-holz	Derb- und Reis-holz	Derb-holz	Derb- und Reis-holz	Derb-holz	Derb- und Reis-holz	Derb-holz	Derb- und Reis-holz	Derb-holz	Derb-u.Reis-holz	Derb-holz	Derb-u.Reis-holz	Derbholz		Derb- und Reisholz		
fm					fm		%		fm				fm	%	fm	%	Jahre
—	—	—	—	—	—	38	—	—	—	1,9	—	1,9	—	—	4,0	10,5	20
—	3	3	—	3	18	71	—	4,2	0,7	2,7	0,7	2,8	4,4	24,4	8,8	12,9	25
—	11	11	—	14	48	126	—	11,1	1,6	3,7	1,6	4,2	6,8	14,2	12,0	10,7	30
—	16	16	—	30	86	190	—	15,8	2,5	4,5	2,5	5,4	9,7	11,3	13,4	8,4	35
9	11	20	9	50	145	260	6,2	19,2	3,4	5,2	3,6	6,5	12,0	8,8	14,5	6,9	40
12	10	22	21	72	206	333	10,2	21,6	4,1	5,8	4,6	7,4	12,5	6,8	15,2	5,8	45
16	8	24	37	96	270	409	13,7	23,5	4,6	6,3	5,4	8,2	12,7	5,4	15,2	4,9	50
19	6	25	56	121	333	484	16,8	25,0	5,0	6,6	6,0	8,8	12,8	4,6	14,8	4,1	55
22	5	27	78	148	398	557	19,6	26,6	5,3	6,8	6,6	9,3	12,9	4,0	14,4	3,5	60
25	4	29	103	177	462	628	22,3	28,2	5,5	6,9	7,1	9,7	12,7	3,5	14,0	3,1	65
27	4	31	130	208	525	696	24,8	29,9	5,6	7,0	7,5	10,0	12,5	3,1	13,5	2,8	70
29	4	33	159	241	587	762	27,1	31,6	5,7	6,9	7,8	10,2	12,2	2,8	13,0	2,5	75
29	5	34	188	275	647	827	29,1	33,2	5,7	6,9	8,1	10,3	11,8	2,6	12,5	2,3	80
29	5	34	217	309	705	890	30,8	34,7	5,7	6,8	8,3	10,4	11,4	2,4	12,1	2,1	85
29	4	33	246	342	761	950	32,3	36,0	5,7	6,7	8,5	10,5	11,1	2,2	11,7	1,9	90
30	3	33	276	375	816	1009	33,8	37,1	5,7	6,7	8,6	10,6	10,8	2,0	11,4	1,8	95
30	3	33	306	408	869	1066	35,2	38,2	5,6	6,6	8,7	10,6	10,4	1,8	11,0	1,7	100
30	3	33	336	441	920	1121	36,5	39,4	5,6	6,5	8,8	10,6	10,0	1,7	10,6	1,6	105
29	4	33	365	474	969	1174	37,7	40,5	5,5	6,4	8,8	10,6	9,6	1,6	10,3	1,5	110
29	3	32	394	506	1016	1225	38,8	41,5	5,4	6,2	8,8	10,6	9,2	1,5	10,0	1,4	115
29	3	32	423	538	1061	1274	39,9	42,4	5,3	6,1	8,8	10,6	8,9	1,4	9,7	1,3	120
29	3	32	452	570	1105	1322	40,9	43,2	5,2	6,0	8,8	10,5	8,6	1,2	9,4	1,2	125
29	3	32	481	602	1147	1368	41,9	44,0	5,1	5,9	8,8	10,5	8,2	1,2	9,1	1,2	130
28	4	32	509	634	1187	1413	42,8	44,9	5,0	5,8	8,8	10,5	7,8	1,1	8,8	1,1	135
27	4	31	536	665	1225	1456	44,0	45,7	4,9	5,6	8,7	10,4	7,5	1,1	8,5	1,1	140

B. Starke Durchforstung.

II. Bonität.

Alter	Stamm-zahl	Stamm-grund-fläche	Mittel-höhe	Jährlicher Zuwachs der Mittelhöhe laufen-der	durch-schnitt-licher	Mitt-lerer Durch-messer	Masse Derb-holz	Masse Reis-holz	Masse Derb- und Reis-holz	Formzahl Derb-holz	Formzahl Baum	Periodischer Stamm-zahl	Periodischer Stamm-grund-fläche
Jahre		qm	m	cm		cm	fm						qm
25	5820	11,0	6,2	40	25	4,9	6	51	57	0,09	0,74	—	—
30	4420	14,9	8,2	39	27	6,5	25	61	86	0,20	0,70	1400	1,80
35	3530	18,1	10,1	37	29	8,1	60	63	123	0,33	0,67	890	1,90
40	2840	21,6	11,9	35	30	9,8	102	64	166	0,40	0,65	690	2,00
45	2330	24,6	13,6	33	30	11,6	144	66	210	0,43	0,63	510	2,10
50	1920	27,1	15,2	31	30	13,3	184	68	252	0,45	0,61	410	2,20
55	1610	29,1	16,7	29	30	15,0	223	69	292	0,46	0,60	310	2,30
60	1395	30,7	18,1	28	30	16,6	260	71	331	0,47	0,60	215	2,25
65	1230	32,0	19,5	27	30	18,2	295	73	368	0,47	0,59	165	2,20
70	1077	33,0	20,8	25	30	19,8	328	74	402	0,48	0,59	153	2,25
75	939	33,7	22,1	23	29	21,4	357	75	432	0,48	0,58	138	2,30
80	820	34,2	23,3	22	29	23,0	383	76	459	0,48	0,58	119	2,35
85	722	34,5	24,4	21	29	24,6	406	76	482	0,48	0,58	98	2,40
90	645	34,6	25,4	19	28	26,1	426	76	502	0,49	0,57	77	2,35
95	587	34,5	26,4	18	28	27,4	443	76	519	0,49	0,57	58	2,35
100	539	34,4	27,2	16	27	28,5	459	76	535	0,49	0,57	48	2,20
105	498	34,3	27,9	15	27	29,6	475	76	551	0,50	0,58	41	2,00
110	462	34,2	28,6	14	26	30,7	489	77	566	0,50	0,58	36	1,90
115	430	34,1	29,2	12	25	31,8	503	78	581	0,51	0,58	32	1,80
120	402	34,0	29,8	11	25	32,8	516	79	595	0,51	0,59	28	1,75
125	376	33,9	30,4	10	24	33,9	528	80	608	0,51	0,59	26	1,65
130	352	33,8	30,9	9	24	35,0	539	81	620	0,52	0,60	24	1,55
135	330	33,7	31,3	8	23	36,1	549	82	631	0,52	0,60	22	1,50
140	310	33,6	31,7	7	23	37,2	559	83	642	0,52	0,60	20	1,45

<table>
<tr>
<th colspan="5">Abgang</th>
<th colspan="4">Hauptbestand und periodischer Abgang</th>
<th colspan="8">Massen-Zuwachs</th>
<th rowspan="4">Alter</th>
</tr>
<tr>
<th colspan="3" rowspan="2">Masse</th>
<th colspan="2" rowspan="2">Summe der Vorerträge</th>
<th colspan="2" rowspan="2">Gesamtmasse</th>
<th colspan="2" rowspan="2">gesamter Abgang in % der Gesamtmasse</th>
<th colspan="4">durchschnittlich-jährlicher</th>
<th colspan="4">laufend jährlicher</th>
</tr>
<tr>
<th colspan="2">des Hauptbestandes</th>
<th colspan="2">der Gesamtmasse</th>
<th colspan="4">der Gesamtmasse</th>
</tr>
<tr>
<th>Derb-holz</th>
<th>Reis-holz</th>
<th>Derb- und Reisholz</th>
<th>Derb-holz</th>
<th>Derb- und Reisholz</th>
<th>Derb-holz</th>
<th>Derb- und Reisholz</th>
<th>Derb-holz</th>
<th>Derb- und Reisholz</th>
<th>Derb-holz</th>
<th>Derb- u. Reisholz</th>
<th>Derb-holz</th>
<th>Derb- u. Reisholz</th>
<th colspan="2">Derbholz</th>
<th colspan="2">Derb- und Reisholz</th>
</tr>
<tr>
<th colspan="3">fm</th>
<th colspan="2">fm</th>
<th colspan="2">fm</th>
<th colspan="2">%</th>
<th colspan="4">fm</th>
<th>fm</th>
<th>%</th>
<th>fm</th>
<th>%</th>
<th>Jahre</th>
</tr>
<tr><td>—</td><td>—</td><td>—</td><td>—</td><td>—</td><td>6</td><td>57</td><td>—</td><td>—</td><td>0,2</td><td>2,3</td><td>0,2</td><td>2,3</td><td>1,2</td><td>20,0</td><td>6,5</td><td>11,4</td><td>25</td></tr>
<tr><td>—</td><td>6</td><td>6</td><td>—</td><td>6</td><td>25</td><td>92</td><td>—</td><td>6,5</td><td>0,8</td><td>2,8</td><td>0,8</td><td>3,1</td><td>3,8</td><td>15,2</td><td>7,2</td><td>9,4</td><td>30</td></tr>
<tr><td>—</td><td>9</td><td>9</td><td>—</td><td>15</td><td>60</td><td>138</td><td>—</td><td>10,9</td><td>1,7</td><td>3,5</td><td>1,7</td><td>3,9</td><td>7,0</td><td>11,7</td><td>10,4</td><td>8,5</td><td>35</td></tr>
<tr><td>—</td><td>15</td><td>15</td><td>—</td><td>30</td><td>102</td><td>196</td><td>—</td><td>15,3</td><td>2,5</td><td>4,1</td><td>2,5</td><td>4,9</td><td>8,4</td><td>8,4</td><td>11,8</td><td>7,1</td><td>40</td></tr>
<tr><td>8</td><td>8</td><td>16</td><td>8</td><td>46</td><td>152</td><td>256</td><td>5,3</td><td>18,0</td><td>3,2</td><td>4,7</td><td>3,4</td><td>5,7</td><td>10,0</td><td>6,9</td><td>12,0</td><td>5,7</td><td>45</td></tr>
<tr><td>12</td><td>5</td><td>17</td><td>20</td><td>63</td><td>204</td><td>315</td><td>9,8</td><td>20,0</td><td>3,7</td><td>5,0</td><td>4,1</td><td>6,3</td><td>10,4</td><td>5,6</td><td>11,8</td><td>4,7</td><td>50</td></tr>
<tr><td>14</td><td>4</td><td>18</td><td>34</td><td>81</td><td>257</td><td>373</td><td>13,2</td><td>21,7</td><td>4,0</td><td>5,3</td><td>4,7</td><td>6,8</td><td>10,6</td><td>4,7</td><td>11,6</td><td>4,0</td><td>55</td></tr>
<tr><td>15</td><td>3</td><td>18</td><td>49</td><td>99</td><td>309</td><td>430</td><td>15,9</td><td>23,1</td><td>4,3</td><td>5,5</td><td>5,1</td><td>7,2</td><td>10,5</td><td>4,0</td><td>11,4</td><td>3,4</td><td>60</td></tr>
<tr><td>17</td><td>3</td><td>20</td><td>66</td><td>119</td><td>361</td><td>487</td><td>18,3</td><td>24,5</td><td>4,5</td><td>5,6</td><td>5,5</td><td>7,5</td><td>10,4</td><td>3,5</td><td>11,2</td><td>3,0</td><td>65</td></tr>
<tr><td>19</td><td>3</td><td>22</td><td>85</td><td>141</td><td>413</td><td>543</td><td>20,6</td><td>26,0</td><td>4,7</td><td>5,7</td><td>5,9</td><td>7,8</td><td>10,3</td><td>3,1</td><td>11,0</td><td>2,7</td><td>70</td></tr>
<tr><td>21</td><td>3</td><td>24</td><td>106</td><td>165</td><td>463</td><td>597</td><td>22,9</td><td>27,6</td><td>4,8</td><td>5,8</td><td>6,2</td><td>8,0</td><td>10,1</td><td>2,8</td><td>10,8</td><td>2,5</td><td>75</td></tr>
<tr><td>23</td><td>3</td><td>26</td><td>129</td><td>191</td><td>512</td><td>650</td><td>25,2</td><td>29,4</td><td>4,8</td><td>5,7</td><td>6,4</td><td>8,2</td><td>9,8</td><td>2,6</td><td>10,5</td><td>2,3</td><td>80</td></tr>
<tr><td>25</td><td>4</td><td>29</td><td>154</td><td>220</td><td>560</td><td>702</td><td>27,5</td><td>31,3</td><td>4,8</td><td>5,7</td><td>6,6</td><td>8,3</td><td>9,5</td><td>2,4</td><td>10,2</td><td>2,1</td><td>85</td></tr>
<tr><td>26</td><td>4</td><td>30</td><td>180</td><td>250</td><td>606</td><td>752</td><td>29,7</td><td>33,2</td><td>4,7</td><td>5,6</td><td>6,7</td><td>8,4</td><td>9,2</td><td>2,2</td><td>9,8</td><td>1,9</td><td>90</td></tr>
<tr><td>27</td><td>4</td><td>31</td><td>207</td><td>281</td><td>650</td><td>800</td><td>31,8</td><td>35,1</td><td>4,7</td><td>5,5</td><td>6,8</td><td>8,4</td><td>8,9</td><td>2,0</td><td>9,4</td><td>1,8</td><td>95</td></tr>
<tr><td>26</td><td>4</td><td>30</td><td>233</td><td>311</td><td>692</td><td>846</td><td>33,6</td><td>36,8</td><td>4,6</td><td>5,3</td><td>6,9</td><td>8,5</td><td>8,5</td><td>1,8</td><td>9,0</td><td>1,7</td><td>100</td></tr>
<tr><td>25</td><td>4</td><td>29</td><td>258</td><td>340</td><td>733</td><td>891</td><td>35,2</td><td>38,2</td><td>4,5</td><td>5,2</td><td>7,0</td><td>8,5</td><td>8,1</td><td>1,7</td><td>8,6</td><td>1,6</td><td>105</td></tr>
<tr><td>24</td><td>3</td><td>27</td><td>282</td><td>367</td><td>771</td><td>933</td><td>36,6</td><td>39,3</td><td>4,4</td><td>5,1</td><td>7,0</td><td>8,5</td><td>7,7</td><td>1,6</td><td>8,3</td><td>1,5</td><td>110</td></tr>
<tr><td>23</td><td>3</td><td>26</td><td>305</td><td>393</td><td>808</td><td>974</td><td>37,8</td><td>40,3</td><td>4,4</td><td>5,0</td><td>7,0</td><td>8,5</td><td>7,3</td><td>1,5</td><td>8,0</td><td>1,4</td><td>115</td></tr>
<tr><td>23</td><td>3</td><td>26</td><td>328</td><td>419</td><td>844</td><td>1014</td><td>38,9</td><td>41,2</td><td>4,3</td><td>5,0</td><td>7,0</td><td>8,5</td><td>7,0</td><td>1,4</td><td>7,8</td><td>1,3</td><td>120</td></tr>
<tr><td>22</td><td>3</td><td>25</td><td>350</td><td>444</td><td>878</td><td>1052</td><td>39,9</td><td>42,1</td><td>4,2</td><td>4,9</td><td>7,0</td><td>8,4</td><td>6,8</td><td>1,3</td><td>7,6</td><td>1,2</td><td>125</td></tr>
<tr><td>22</td><td>3</td><td>25</td><td>372</td><td>469</td><td>911</td><td>1089</td><td>40,8</td><td>43,0</td><td>4,1</td><td>4,8</td><td>7,0</td><td>8,4</td><td>6,6</td><td>1,2</td><td>7,4</td><td>1,2</td><td>130</td></tr>
<tr><td>22</td><td>3</td><td>25</td><td>394</td><td>494</td><td>943</td><td>1125</td><td>41,8</td><td>43,9</td><td>4,1</td><td>4,7</td><td>7,0</td><td>8,3</td><td>6,5</td><td>1,2</td><td>7,2</td><td>1,1</td><td>135</td></tr>
<tr><td>22</td><td>3</td><td>25</td><td>416</td><td>519</td><td>975</td><td>1161</td><td>42,7</td><td>44,7</td><td>4,0</td><td>4,6</td><td>7,0</td><td>8,3</td><td>6,4</td><td>1,1</td><td>7,0</td><td>1,1</td><td>140</td></tr>
</table>

B. Starke Durchforstung.

III. Bonität.

Alter	Hauptbestand											Periodischer	
	Stammzahl	Stamm-grund-fläche	Mittel-höhe	Jährlicher Zuwachs der Mittelhöhe		Mitt-lerer Durch-messer	Masse			Formzahl		Stamm-zahl	Stamm-grund-fläche
				laufen-der	durch-schnitt-licher		Derb-holz	Reis-holz	Derb- und Reis-holz	Derb-holz	Baum		
Jahre	qm	m	cm			cm	fm						qm
30	5110	12,2	7,0	32	23	5,3	6	56	62	0,07	0,73	—	—
35	4170	15,4	8,6	32	25	6,8	33	58	91	0,25	0,69	940	1,60
40	3430	18,5	10,2	31	25	8,3	66	59	125	0,35	0,66	790	1,80
45	2845	21,4	11,7	29	26	9,8	105	56	161	0,42	0,64	585	1,90
50	2400	24,0	13,1	28	26	11,3	140	58	198	0,45	0,63	445	1,90
55	2065	26,1	14,5	27	26	12,7	173	60	233	0,46	0,62	335	1,90
60	1810	27,8	15,8	25	26	14,0	204	62	266	0,46	0,61	255	1,90
65	1605	29,1	17,0	24	26	15,2	233	64	297	0,47	0,60	205	1,90
70	1430	30,1	18,2	23	26	16,4	260	66	326	0,47	0,60	175	1,90
75	1275	30,8	19,3	22	26	17,6	285	67	352	0,48	0,59	155	1,90
80	1142	31,3	20,4	21	25	18,7	308	68	376	0,48	0,59	133	1,90
85	1024	31,6	21,4	20	25	19,9	329	68	397	0,48	0,59	118	1,90
90	922	31,7	22,4	19	25	21,0	347	68	415	0,49	0,58	102	1,90
95	831	31,8	23,3	17	24	22,1	362	68	430	0,49	0,58	91	1,90
100	749	31,6	24,1	16	24	23,2	374	68	442	0,49	0,58	82	1,90
105	676	31,4	24,9	15	24	24,3	384	68	452	0,49	0,58	73	1,90
110	612	31,2	25,6	13	23	25,5	393	68	461	0,49	0,58	64	1,85
115	557	31,1	26,2	11	23	26,6	402	68	470	0,49	0,58	55	1,70
120	510	31,0	26,7	10	22	27,8	410	69	479	0,50	0,58	47	1,65
125	468	30,8	27,2	9	22	28,9	418	70	488	0,50	0,58	42	1,55
130	432	30,7	27,6	8	21	30,1	425	71	496	0,50	0,59	36	1,45
135	402	30,5	28,0	8	21	31,1	432	72	504	0,51	0,59	30	1,35
140	375	30,4	28,4	7	20	32,1	438	73	511	0,51	0,59	27	1,30

Abgang					Hauptbestand und periodischer Abgang				Massen-Zuwachs								Alter
Masse			Summe der Vorerträge		Gesamtmasse		gesamter Abgang in % der Gesamtmasse		durchschnittlich-jährlicher				laufend jährlicher				
									des Hauptbestandes		der Gesamtmasse		der Gesamtmasse				
Derbholz	Reisholz	Derb- und Reisholz	Derbholz	Derb- und Reisholz	Derbholz	Derb- und Reisholz	Derbholz	Derb- und Reisholz	Derbholz	Derb-u.Reisholz	Derbholz	Derb-u.Reisholz	Derbholz		Derb- und Reisholz		
fm					fm		%		fm				fm	%	fm	%	Jahre
—	—	—	—	—	6	62	—	—	0,2	2,0	0,2	2,1	4,0	66,7	6,0	9,7	30
—	6	6	—	6	33	97	—	6,2	0,9	2,6	0,9	2,8	6,0	18,2	7,9	8,7	35
—	10	10	—	16	66	141	—	11,3	1,6	3,1	1,6	3,5	7,2	10,9	9,1	7,3	40
—	11	11	—	27	105	188	—	14,4	2,3	3,6	2,3	4,2	8,0	7,6	9,6	6,0	45
6	6	12	6	39	146	237	4,1	16,5	2,8	4,0	2,9	4,7	8,2	5,9	9,7	4,9	50
9	4	13	15	52	188	285	8,0	18,2	3,1	4,2	3,4	5,2	8,3	4,8	9,4	4,0	55
10	3	13	25	65	229	331	10,9	19,6	3,4	4,4	3,8	5,5	8,1	4,0	9,1	3,4	60
11	3	14	36	79	269	376	13,4	21,0	3,6	4,5	4,1	5,8	7,9	3,4	8,9	3,0	65
12	3	15	48	94	308	420	15,6	22,4	3,7	4,6	4,4	6,0	7,7	3,0	8,6	2,6	70
13	3	16	61	110	346	462	17,6	23,8	3,8	4,7	4,6	6,2	7,5	2,6	8,3	2,4	75
14	3	17	75	127	383	503	19,6	25,2	3,8	4,7	4,8	6,3	7,3	2,4	8,0	2,1	80
15	3	18	90	145	416	542	21,6	26,8	3,9	4,7	4,9	6,4	7,1	2,2	7,7	1,9	85
17	3	20	107	165	454	580	23,6	28,5	3,8	4,6	5,0	6,5	6,9	2,0	7,5	1,8	90
19	3	22	126	187	488	617	25,8	30,3	3,8	4,5	5,1	6,5	6,6	1,8	7,2	1,7	95
20	3	23	146	210	520	652	28,1	32,2	3,7	4,4	5,2	6,5	6,3	1,7	6,9	1,6	100
21	3	24	167	234	551	686	30,3	34,1	3,7	4,3	5,2	6,5	6,1	1,6	6,7	1,5	105
21	3	24	188	258	581	719	32,3	35,9	3,6	4,2	5,3	6,5	5,9	1,5	6,5	1,4	110
20	3	23	208	281	610	751	34,1	37,4	3,5	4,1	5,3	6,5	5,7	1,4	6,4	1,4	115
20	3	23	228	304	638	783	35,7	38,8	3,4	4,0	5,3	6,5	5,5	1,3	6,2	1,3	120
19	3	22	247	326	665	814	37,1	40,0	3,3	3,9	5,3	6,5	5,2	1,2	6,0	1,2	125
18	3	21	265	347	690	843	38,4	41,1	3,3	3,8	5,3	6,5	4,9	1,1	5,7	1,1	130
17	3	20	282	367	714	871	39,5	42,1	3,2	3,7	5,3	6,4	4,7	1,1	5,5	1,1	135
17	3	20	299	387	737	898	40,5	43,0	3,1	3,6	5,3	6,4	4,6	1,1	5,3	1,0	140

B. Starke Durchforstung.

Alter	Stamm-zahl	Stamm-grund-fläche	Mittel-höhe	Jährlicher Zuwachs der Mittelhöhe		Mitt-lerer Durch-messer	Masse			Formzahl		Periodischer Stamm-zahl	Stamm-grund-fläche
				laufen-der	durch-schnitt-licher		Derb-holz	Reis-holz	Derb- und Reis-holz	Derb-holz	Baum		
Jahre		qm	m	cm		cm	fm						qm
30	5835	10,3	5,2	27	17	4,8	—	41	41	0,05	0,77	—	—
35	4845	13,2	6,5	27	19	5,9	20	42	62	0,23	0,73	990	1,40
40	4055	16,4	7,9	27	20	7,2	45	44	89	0,35	0,69	790	1,50
45	3435	19,1	9,2	26	20	8,4	72	46	118	0,41	0,67	620	1,55
50	2955	21,5	10,5	26	21	9,6	101	46	147	0,45	0,65	480	1,55
55	2605	23,6	11,8	25	21	10,7	128	49	177	0,46	0,64	350	1,55
60	2315	25,3	13,0	23	22	11,8	153	52	205	0,46	0,62	290	1,55
65	2065	26,7	14,1	21	22	12,9	177	54	231	0,47	0,61	250	1,50
70	1845	27,8	15,1	19	21	13,9	199	55	254	0,48	0,61	220	1,50
75	1655	28,6	16,0	17	21	14,9	219	56	275	0,48	0,60	190	1,45
80	1495	29,1	16,8	16	21	15,8	237	57	294	0,48	0,60	160	1,40
85	1351	29,35	17,6	15	21	16,6	252	58	310	0,49	0,60	142	1,50
90	1229	29,4	18,3	14	20	17,4	264	59	323	0,49	0,60	121	1,60
95	1124	29,25	19,0	14	20	18,2	274	59	333	0,49	0,60	104	1,60
100	1029	29,05	19,7	13	20	19,0	282	58	340	0,49	0,59	94	1,60
105	939	28,85	20,3	12	19	19,8	288	58	346	0,49	0,59	90	1,60
110	856	28,45	20,9	12	19	20,7	293	58	351	0,49	0,59	85	1,60
115	779	28,2	21,5	11	19	21,5	298	58	356	0,49	0,59	77	1,50
120	708	27,9	22,0	9	18	22,4	302	58	360	0,49	0,59	72	1,47
125	648	27,6	22,4	8	18	23,2	305	58	363	0,50	0,59	61	1,43
130	599	27,2	22,8	7	17	24,1	308	58	366	0,50	0,59	50	1,40
135	556	27,0	23,1	6	17	24,9	311	58	369	0,50	0,59	43	1,30
140	520	26,8	23,4	5	17	25,6	314	59	373	0,50	0,60	36	1,20

IV. Bonität.

V. Bonität.

Die Angaben für diese Bonität finden sich auf Seite 52 und 53, da für derartige

Abgang					Hauptbestand und periodischer Abgang				Massen-Zuwachs								Alter
Masse			Summe der Vorerträge		Gesamt-masse		gesamter Abgang in % der Gesamtmasse		durchschnittlich-jährlicher				laufend jährlicher				
									des Hauptbestandes		der Gesamtmasse		der Gesamtmasse				
Derb-holz	Reis-holz	Derb-und Reisholz	Derb-holz	Derb-und Reisholz	Derb-holz	Derb-und Reisholz	Derb-holz	Derb-und Reisholz	Derb-holz	Derb-u.Reisholz	Derb-holz	Derb-u.Reisholz	Derbholz		Derb- und Reisholz		
fm					fm		%		fm				fm	%	fm	%	Jahre
—	—	—	—	—	—	41	—	—	—	1,4	—	1,4	—	—	4,5	11,0	30
—	5	5	—	5	20	67	—	7,5	0,6	1,8	0,6	1,9	4,5	22,5	5,9	9,5	35
—	6	6	—	11	45	100	—	11,0	1,1	2,2	1,1	2,5	5,2	11,6	6,9	7,7	40
—	7	7	—	18	72	136	—	13,2	1,6	2,6	1,6	3,0	5,6	7,8	7,3	6,2	45
—	8	8	—	26	101	173	—	15,0	2,0	2,9	2,0	3,4	5,8	5,7	7,6	5,2	50
2	7	9	2	35	130	212	1,5	16,6	2,3	3,2	2,4	3,8	5,9	4,6	7,7	4,3	55
5	5	10	7	45	160	250	4,4	18,0	2,5	3,4	2,7	4,2	6,1	4,0	7,4	3,6	60
7	3	10	14	55	191	286	7,3	19,2	2,7	3,5	2,9	4,4	6,0	3,4	6,9	3,0	65
7	3	10	21	65	220	319	9,5	20,3	2,8	3,6	3,1	4,6	5,6	2,8	6,5	2,5	70
7	3	10	28	75	247	350	11,3	21,4	2,9	3,7	3,3	4,7	5,3	2,4	6,1	2,2	75
8	3	11	36	86	273	380	13,2	22,6	3,0	3,7	3,4	4,8	5,0	2,1	5,8	2,0	80
9	3	12	45	98	297	408	15,2	24,0	3,0	3,6	3,5	4,8	4,7	1,9	5,5	1,8	85
11	3	14	56	112	320	435	17,5	25,7	2,9	3,6	3,5	4,8	4,5	1,7	5,2	1,6	90
12	3	15	68	127	342	460	19,9	27,6	2,9	3,5	3,6	4,8	4,3	1,6	5,0	1,5	95
13	3	16	81	143	363	483	22,3	29,6	2,8	3,4	3,6	4,8	4,1	1,5	4,8	1,4	100
14	3	17	95	160	383	506	24,7	31,6	2,7	3,3	3,6	4,8	4,0	1,4	4,6	1,3	105
15	3	18	110	178	403	529	27,1	33,6	2,7	3,2	3,7	4,8	3,9	1,3	4,4	1,2	110
14	3	17	124	195	422	551	29,4	35,4	2,6	3,1	3,7	4,8	3,7	1,2	4,2	1,2	115
14	2	16	138	211	440	571	31,5	37,0	2,5	3,0	3,7	4,8	3,5	1,2	4,0	1,1	120
14	2	16	152	227	457	590	33,4	38,5	2,4	2,9	3,7	4,7	3,4	1,1	3,9	1,1	125
14	2	16	166	243	474	609	35,1	39,9	2,4	2,8	3,6	4,7	3,2	1,0	3,8	1,0	130
13	3	16	179	259	489	628	36,6	41,2	2,3	2,7	3,6	4,6	3,0	1,0	3,7	1,0	135
12	2	14	191	273	504	646	37,9	42,3	2,2	2,7	3,6	4,6	2,9	0,9	3,6	1,0	140

Bestände die starke Durchforstung nicht in Betracht kommt.

III. Ergebnisse.

Bevor auf die Erörterung der Ergebnisse dieser Ertragsuntersuchungen näher eingegangen wird, erscheint es notwendig,
die Thatsache festzustellen, daſs der Zeitabschnitt, für welchen
die Erhebungen stattgefunden haben, dem Wachstume der
Waldbäume im allgemeinen, namentlich aber jenem der Buche
recht wenig günstig gewesen ist.

Die Stammanalysen zeigen nämlich, daſs im Leben der
Bäume, abgesehen von den stetigen Änderungen des Wachstumsganges und den Folgen wirtschaftlicher Maſsregeln oder lokaler
Kalamitäten, z. B. Raupenfraſs, Perioden besseren und schlechteren
Wachstumes wechseln. Sie sind jedenfalls eine Folge der klimatischen Verhältnisse. Die Zeit von 1886—1890 war nun
gerade ein äuſserst ungünstiger Zeitabschnitt, während die vorausgegangenen sechs Jahre ein sehr günstiges Wachstum erkennen
lassen. Diese Erscheinung betrifft alle Holzarten mehr oder
minder gleichmäſsig und erstreckt sich nach einer freundlichen
Mitteilung des Herrn Dr. Kast auch auf Süddeutschland.

Herr Oberförster Fricke hat versucht, aus den Beobachtungen
der forstlich meteorologischen Stationen die Abhängigkeit des
Wachstums von den klimatischen Zuständen abzuleiten, konnte
jedoch vorläufig noch zu keinem vollständig befriedigenden Ergebnis gelangen, da es sich hier darum handelt, die Resultante
von mehreren, sich teilweise aufhebenden, teilweise verstärkenden
Ursachen zu erforschen, deren Wirkung im einzelnen nicht oder
doch wenigstens nur sehr schwer festzustellen ist.

Für die Buche kommt aber noch weiter als besonders ungünstiger Umstand in Betracht, daſs dieser Zeitabschnitt auch die beiden, auffallend rasch hintereinanderfolgenden Samenjahre 1888 und 1890 umfaſst, welche die Holzproduktion ganz erheblich beeinträchtigten.

Infolge dieser Momente ist der Zuwachs während des Beobachtungszeitraumes jedenfalls ein ungewöhnlich niedriger gewesen. Es tauchte daher anfangs die Frage auf, ob es überhaupt zulässig sei, unter diesen Umständen an eine Bearbeitung des vorliegenden Materials zu gehen? Ich glaubte jedoch dieselbe bejahend beantworten zu dürfen, da einerseits eine gewisse moralische Verpflichtung vorlag, nach zehnjährigen umfangreichen und sorgfältigen Arbeiten wenigstens zu einem vorläufigen Abschluſs zu gelangen, während sonst nochmals etwa der gleiche Zeitabschnitt vor einer Publikation hätte verstreichen müssen, andererseits bestimmte mich auch der Umstand, daſs den Arbeiten der forstlichen Versuchsanstalten gewöhnlich zu günstige Resultate zum Vorwurf gemacht werden, was hier jedenfalls nicht zutrifft.

Bezüglich der Ergebnisse der Ertragsuntersuchungen im einzelnen ist folgendes zu bemerken:

1) Masse. Die Gesamtmassenproduktion beträgt, auf das 140jährige Alter berechnet, für:

I. Bonität 1225 fm Derbholz u. 218 fm Reisholz, zusammen 1443 fm,

II.	„	975 „	„	„ 176 „	„	„ 1151 „
III.	„	737 „	„	„ 152 „	„	„ 889 „
IV.	„	504 „	„	„ 133 „	„	637 „
V.	„	292 „	„	„ 121 „	„	413 „

Bei mäſsiger Durchforstung werden hiervon im Laufe des Betriebes in Form von Zwischennutzungen herausgenommen bei:

I. Bonität 32,2 % des Derbholzes und 34,8 % der Gesamtmasse,

II.	„	32,5 % „	„	„ 35,2 % „	„	„
III.	„	32,4 % „	„	„ 35,4 % „	„	„
IV.	„	29,0 % „	„	„ 33,9 % „	„	„
V.	„	23,0 % „	„	„ 32,7 % „	„	„

Die Durchforstungserträge beziffern demnach hier für sämtliche Bonitäten rund ein Drittel der Gesamtmassenproduktion und für die ersten drei Bonitäten auch ein Drittel der Derbholzproduktion, in den geringeren Bonitäten sinken sie bis auf ein Viertel herab.

Bei **starker** Durchforstung erhöhen sich die Zwischen-
nutzungserträge für die vier besseren Bonitäten, für welche diese
Behandlungsweise allein in Betracht kommt, etwa um den dritten
Teil, sie steigen nämlich bei:

I. Bonität auf 44,0 % des Derbholzes u. 45,7 % der Gesamtmasse,

II.   „   „ 42,7 % „   „   „ 44,7 % „   „

III.   „   „ 40,5 % „   „   „ 43,0 % „   „

IV.   „   „ 37,9 % „   „   „ 42,3 % „   „

Es ist bemerkenswert und für die praktische Anwendung
wichtig, daſs bei mäſsigem Durchforstungsbetrieb nach meinen
bisherigen Untersuchungen für die drei Holzarten: Kiefer, Fichte
und Buche fast ganz genau gleichmäſsig im Durchforstungswege
ein Drittel der Gesamtproduktion entnommen wird.

Infolge der reichlicheren Anfälle an Durchforstungsmaterial
sind natürlich die **Hauptbestandsvorräte** ungleich, und zwar
betragen dieselben im Alter von 140 Jahren

		bei mäſsiger Durchforstung:			bei starker Durchforstung:		
		D.	R.	zusammen	D.	R.	zusammen
für Bonität	I	831	110	941 fm	689	102	791 fm
„ „	II	658	88	746 „	559	83	642 „
„ „	III	498	76	574 „	438	73	511 „
„ „	IV	358	63	421 „	314	59	373 „
„ „	V	225	53	278 „	—	—	— „

Die **Durchforstungen** liefern je nach der verschiedenen
Behandlungsweise summarisch folgende Erträge

		bei mäſsiger Durchforstung:			bei starker Durchforstung:		
		D.	R.	zusammen	D.	R.	zusammen
Bonität	I	394	108	502 fm	536	129	665 fm
„	II	317	88	405 „	416	103	519 „
„	III	239	76	315 „	298	88	386 „
„	IV	146	70	216 „	191	81	273 „
„	V	67	68	135 „	—	—	— „

Das Maximum der Durchforstungserträge fällt in folgende
Altersstufen mit den beigesetzten Derbholzmassen pro Dezennium

		bei mäſsiger Durchforstung:		bei starker Durchforstung:	
		D.		D.	
Bonität	I	70—80 Jahre	45 fm	90—100 Jahre	60 fm
„	II	80—90 „	37 „	90—100 „	53 „
„	III	90—100 „	29 „	100—110 „	42 „
„	IV	100—110 „	20 „	100—110 „	29 „
„	V	110—120 „	12 „	— —	—

Die Betrachtung dieser Zahlen wird ergeben, dafs die tafel-
mäfsigen Durchforstungserträge keineswegs so enorm sind, wie
man von manchen Seiten anzunehmen geneigt ist. Wenn noch
berücksichtigt wird, dafs diese Angaben infolge der nicht vollständig normalen Bestockung der Bestände und der Verluste
beim Aufarbeiten um etwa 10% verringert werden müssen, so
können dieselben sehr wohl als Grundlage für die Ansätze in
den Betriebsregulierungswerken genommen werden.

Andererseits wird es wohl auffallen, dafs diese Zahlen nicht
nur hinter den oben in Tabelle I mitgeteilten Durchforstungs-
erträgen der Versuchsflächen, sondern sogar auch hinter den in der
Praxis nicht selten erzielten Erträgen ziemlich erheblich zurückbleiben. Die Erklärung hierfür liegt in dem Umstande, dafs wir
heute noch infolge des früher nur sehr unvollkommenen Durchforstungsbetriebes eine beträchtliche Masse „aufgespeicherten“
Zwischennutzungsmateriales haben, welches nunmehr je nach
den Ansichten des Wirtschafters in längerer oder kürzerer Zeit
genutzt werden kann und mufs. Wenn erst diese Vorräte auf-
gezehrt sein werden und ein regelmäfsiger Durchforstungsbetrieb
von· Jugend auf im Gange ist, dann werden die Erträge der
e i n z e l n e n Durchforstungen gegen jetzt nicht unbeträchtlich
sinken und den Ansätzen der Ertragstafeln, welche nicht mit
solchen Reserven rechnen, entsprechen.

Es wäre dringend zu wünschen, dafs man allenthalben im
Baumholzalter der Abnutzung dieser Vorräte von Durchforstungsmassen aus früherer Zeit gleichmäfsig Aufmerksamkeit zuwenden
und dafür lieber langsamer mit dem Angriffe und Abtriebe gut-
wüchsiger Altbestände vorgehen möchte!

Der mangelhafte Durchforstungsbetrieb hat aber nicht nur
bei der Buche, sondern auch bei anderen Holzarten zur Folge,
dafs die Vorräte der haubaren Bestände nicht selten eine ganz
ungewöhnliche Höhe erreichen. Bei näherer Betrachtung der-
artiger Bestände findet man jedoch viele Stämme, von denen
mit Bestimmtheit gesagt werden kann, dafs sie längst im Durchforstungswege hätten genutzt werden müssen. Da dieses nicht
geschehen ist, haben sie sich unter Beeinträchtigung der Kronenausbildung der eigentlichen Hauptbestandsstämme schliefslich
doch noch so weit durchgekämpft, dafs sie am Kronenschlufs
eben notdürftig teilnehmen und bei höchst mangelhafter Pro-

duktion weiter vegetieren [1]). Derartige stamm- und massenreiche „Renommierbestände" sehen ja recht schön aus, aber die Erziehung derselben kann nicht als Ideal der Wirtschaft betrachtet werden!

Die Kulmination des laufendjährigen Gesamtzuwachses tritt in folgenden Altersstufen ein:

für Bonität: I II III IV V
Derbholz im Alter 60 55 55 60 60
Derb- und Reisholz „ „ 50 45 50 55 55,

der laufendjährige Zuwachs ist demnach für alle Bonitäten am lebhaftesten im 50—60jährigen Alter, und zwar erfolgt für das Derbholz das Maximum etwa 10 Jahre später als für die Gesamtmasse.

Die Vergleichung der Ziffern des laufendjährigen Zuwachses, welche in den Tafeln enthalten sind, mit den entsprechenden Werten für die Einzelbestände in Tabelle I zeigt teilweise recht bedeutende Unterschiede. Hieraus folgt, dafs mit Hilfe der Ertragstafeln der konkrete Zuwachs eines Einzelbestandes ebensowenig mit voller Genauigkeit ermittelt werden kann, wie die Masse des Einzelstammes durch Anwendung der Massentafeln oder Formzahlübersichten. Ebenso wie letztere ihre Hauptbedeutung für die Ermittelung der Masse einer Mehrheit von Stämmen, d. h. des Bestandes besitzen, so liefern auch die Ertragstafeln richtige Resultate nur bei der Bestimmung des Zuwachses einer Mehrzahl von Beständen, wobei sich die Einzelabweichungen ausgleichen. Die Bedeutung der Ertragstafeln für wissenschaftliche Untersuchungen und die sonstigen vielfachen Arbeiten, bei welchen Durchschnittswerte in Betracht kommen, wird hierdurch in keiner Weise berührt.

Das Zuwachsprozent ist naturgemäfs in stetem Sinken begriffen. Das Derbholzzuwachsprozent beträgt bei mäfsiger Durchforstung

---

[1]) Ich habe z. B. gelegentlich der Versammlung des Vereins forstlicher Versuchsanstalten im Jahre 1892 in der Oberförsterei Freienwalde einen derartigen Kiefernbestand vorgeführt. Derselbe war 135jährig und hatte mit 424 Stämmen 55,30 qm Stammgrundfläche. Wie stammweise kenntlich gemacht war, hätten aber hiervon 104 Stämme mit jetzt 9,62 qm Stammgrundfläche bereits seit längerer Zeit herausgezogen sein müssen!

für Bonität: I   II   III   IV   V
im Alter 100   1,7   1,7   1,6   1,4   1,1
„   „   140   0,9   1,0   0,9   0,8   0,6

Bei **starker** Durchforstung ist das Verhältnis folgendermaßen:

Bonität: I   II   III   IV   V
im Alter 100   1,8   1,8   1,7   1,5   —
„   „   140   1,1   1,1   1,1   0,9   —

Das Zuwachsprozent ist in den Tafeln in der Weise berechnet worden, wie es für die Bedürfnisse der Praxis am erwünschtesten ist, d. h. dadurch, daß in der Formel $\dfrac{M-m}{M+m} \times \dfrac{200}{n}$ für m der jeweilige **Hauptbestandsvorrat**, für **Z** aber der **Gesamtzuwachs** eingesetzt wurde. Da letzterer für mäßige und starke Durchforstung als gleichbleibend angenommen ist, während der Vorrat des stark durchforsteten Bestandes hinter jenem des mäßig durchforsteten zurückbleibt, so muß selbstverständlich das Zuwachsprozent des ersteren stets etwas größer sein als jenes des letzteren.

Die Zuwachsprozente der **Gesamtmasse** (Derbholz und Reisholz zusammen) in den mittleren und höheren Lebensaltern zeigen keine erheblichen Unterschiede gegen die Derbholzzuwachsprozente; sie stehen diesen teils gleich, teils bleiben sie eine Kleinigkeit hinter ihnen zurück.

Der **Durchschnittszuwachs** an **Gesamtmasse** erreicht sein Maximum in folgenden Altersstufen mit den beigesetzten Beträgen:

	für Bonität: I		II	
	Alter	fm	Alter	fm
Derbholz	105—135	8,8	105—140	7,0
Derb- und Reisholz	95—115	10,6	105	8,5

III		IV		V	
Alter	fm	Alter	fm	Alter	fm
110—140	5,3	110—125	3,7	80—120	2,2
95—125	6,5	80—115	4,8	75—100	3,3

Bei alleiniger Berücksichtigung des **Hauptbestandsvorrates** erfolgt die Kulmination erheblich früher, und zwar:

a) für mäfsige Durchforstung

<pre>
                für Bonität: I   II   III   IV   V
bei Derbholz   im Alter 100 100   90—105 80—90   75—90
 „ Derb- u. Reisholz „   „   100 100   75—90   75—85   70—90
</pre>

b) für starke Durchforstung

<pre>
                für Bonität: I   II   III   IV
bei Derbholz   im Alter 75—95   75—85   85   80—85
 „ Derb- u. Reisholz „   „   70   75   75—85 75—80
</pre>

Der Eintritt der Kulmination des Durchschnittszuwachses von der Hauptbestandsmasse wird demnach durch die starke Durchforstung beschleunigt, und zwar für die besseren Bonitäten ziemlich beträchtlich, während bei der Gesamtmasse die Behandlungsweise keinen nennenswerten Einfluſs übt; ein solcher macht sich bei Derb- und Reisholz zusammen nur durch eine längere Dauer des betreffenden Zeitabschnittes bemerkbar, da durch die starke Durchforstung die Produktion von Reisholz gesteigert wird.

Beim Derbholz tritt das Maximum des Durchschnittszuwachses stets später ein, als beim Derb- und Reisholz zusammen.

Nach den oben mitgeteilten Zahlen erreichen die geringeren Bonitäten im allgemeinen ihre gröſste Durchschnittsleistung früher als die besseren, die Abweichung für die starke Durchforstung beim Hauptbestand ist lediglich dadurch veranlaſst, daſs im betreffenden Alter solche Bestände entweder noch gar nicht stark durchforstet werden oder diese Behandlungsweise eben erst begonnen hat.

Bezüglich der wirtschaftlich allein maſsgebenden Gesamtproduktion sind folgende zwei Ergebnisse als besonders wichtig hervorzuheben.

a) Der durchschnittliche Gesamtzuwachs kulminiert erst sehr spät, und zwar etwa im Alter von 110—120 Jahren, bei den besseren Bonitäten sogar noch etwas später.

b) Das Maximum der Produktion dauert lange, etwa 20 Jahre hindurch, an. Theoretisch muſs ja die Kulmination in einem einzigen Zeitteilchen erfolgen, für die praktische Betrachtung treten die betreffenden Änderungen jedoch schon bei der ersten Dezimalstelle nicht mehr hervor.

2) **Höhe.** Der laufendjährige Höhenzuwachs stellt in der Tafel eine fallende Reihe dar. Die Kulmination desselben trifft demnach in jenes jugendliche Alter, für welches die Tafeln entweder nicht mehr ausreichen oder mit welchem sie eben beginnen.

Der durchschnittlich-jährliche Höhenzuwachs erreicht sein Maximum zwischen dem 50. und 70. Jahre, und zwar auf den besseren Bonitäten früher als auf geringen.

Der Unterschied zwischen den Mittelhöhen der mäfsig durchforsteten und stark durchforsteten Bestände ist nur gering, da er nicht durch eine veränderte Wachstumsenergie, sondern nur durch das Fehlen der unterdrückten Stämme bei starker Durchforstung veranlafst wird. Die Differenz beträgt daher auch höchstens 0,3 m bei I. Bonität im 140jährigen Alter und sinkt bis auf 0,2 m für das gleiche Alter in der IV. Bonität.

3) **Kreisfläche.** Der lebhafteste Kreisflächenzuwachs erfolgt in dem Alter von 25—50 Jahren, von hier ab sinkt der Kreisflächenzuwachs allmählich mehr und mehr; vom 80jährigen Alter ab ist die Veränderung der Kreisfläche des Hauptbestandes wesentlich durch die Methode der Durchforstung bestimmt.

Bei **mäfsiger** Durchforstung reicht der Kreisflächenzuwachs in den vier besseren Bonitäten noch hin, um nicht nur den periodischen Abgang zu ersetzen, sondern auch um innerhalb der Altersgrenzen der Tafel eine schliefslich allerdings nur noch sehr geringe Mehrung der Kreisfläche des Hauptbestandes herbeizuführen; in der IV. Bonität ist in der Periode von 135 bis 140 Jahren nur noch ein Gleichbleiben zu konstatieren. Bei der V. Bonität sinkt dagegen vom 100jährigen Alter ab die Kreisfläche des Hauptbestandes wieder, zuerst langsam, dann allmählich rascher.

Für die **starke** Durchforstung bildet letztere Erscheinung die Regel.

Infolge des vermehrten Abganges von Durchforstungsstämmen genügt selbst der hier gesteigerte Zuwachs der gesamten Kreisfläche nicht, um in den höheren Altersstufen eine Vermehrung oder selbst auch nur ein Gleichbleiben der Kreisfläche des Hauptbestandes zu ermöglichen, diese erreicht vielmehr in allen Bonitäten ein Maximum, von welchem sie in den besseren Beständen langsamer, in den schlechteren rascher herabsinkt. Die Abnahme der Kreisfläche des Hauptbestandes beginnt in der

Altersstufe von 90—100 Jahren, und zwar wegen der gröfseren Wachstumsenergie auf den besseren Bonitäten später als auf den geringeren.

Die Gesamtproduktion an Kreisfläche stellt sich folgendermafsen:

	Bonität:	I	II	III
bei mäfsiger Durchforstung		92,40 qm	79,75 qm	69,00 qm
„ starker „		92,85 „	80,15 „	69,35 „

	Bonität:	IV	V
bei mäfsiger Durchforstung		59,35 qm	48,60 qm
„ starker „		59,55 „	—

Hier tritt demnach der oben (S. 37) erwähnte Einflufs der starken Durchforstung in der Weise hervor, dafs der gesamte Zuwachs an Kreisfläche durch diese Operation um einen geringen Betrag (0,5—0,2 qm) erhöht wird. Diese Mehrung bewirkt, wie bereits erörtert wurde, dafs die Gesamtproduktion an Masse für beide Durchforstungsmethoden sich gleichmäfsig gestaltet.

Bemerkenswert ist, dafs bei mäfsiger Durchforstung 40—50%, bei starker Durchforstung aber sogar bis über 60% des Gesamtzuwachses an Kreisfläche in der Form von Zwischennutzungen aus dem Bestande entnommen werden.

4) Formzahlen. Dieselben sind in der Tafel nur mit zwei Dezimalstellen aufgeführt, um ihre praktische Anwendung zu erleichtern. Diese Abrundung erschien umsomehr zulässig, als die hierdurch herbeigeführte Ungenauigkeit höchstens 1%, im Durchschnitt aber nur 0,5% beträgt und infolgedessen noch vollständig innerhalb der Grenzen liegt, in denen sich günstigstenfalls der Genauigkeitsgrad unserer Massenermittelungen bewegt. Bei Aufstellung der Tafeln wurden selbstverständlich die Formzahlen stets auf drei Dezimalstellen berechnet.

Bezüglich der Derbholzformzahlen, welche für beide Durchforstungsarten gleich sind, ist folgendes zu bemerken:

Bonität:	I		II		III		IV		V	
Alter	Dfz	H m	Dfz	H m	Dfz	H m	Dfz	H m	Dfz	H m
80	0,48	26	0,48	23	0,48	20	0,48	17	0,48	13
100	0,50	30	0,49	27	0,49	24	0,49	20	0,48	15
120	0,51	32	0,51	29	0,50	26	0,49	22	0,49	16
140	0,53	34	0,52	31	0,51	28	0,50	23	0,49	17

Die Bestandesderbholzformzahlen hängen demnach nicht nur von der Höhe, sondern auch vom Durchmesser und Alter bezw. von der Bonität ab. Sie bewegen sich für die Altersstufen, in denen die meisten Massenermittelungen vorgenommen werden, innerhalb der Grenzen von 0,48 bis 0,52, so dafs für Massenermittelungen, welche keinen besonderen Grad von Genauigkeit beanspruchen, kurz die Formzahl von 0,50 angewendet werden kann; berücksichtigt man etwa noch die Thatsache, dafs für die älteren Bestände der besseren Bonitäten die Formzahlen 0,51 und 0,52, für die geringsten Bonitäten die Formzahlen 0,48 und 0,49 entsprechen, so werden die Berechnungen so genau, als es diese Methode der Bestandesmassenermittelung überhaupt zuläfst.

Die eben mitgeteilten Ergebnisse harmonieren auch sehr gut mit den von Wimmenauer[1]) bei Untersuchung der hessischen Versuchsflächen gefundenen Resultaten.

Bei den Bestandesbaumformzahlen macht sich der Einflufs der Durchforstung dadurch geltend, dafs infolge der vermehrten Kronenverbreitung die starke Durchforstung in den höheren Altersstufen eine etwas höhere Formzahl hat als die mäfsige Durchforstung. Dieser Unterschied beträgt aber höchstens etwa 2% und beginnt erst in einem Alter von 110—120 Jahren.

Die Baumformzahlen der mäfsigen Durchforstung zeigen folgendes Verhalten:

Bonität:	I		II		III		IV		V	
Alter	Bfz	H m	Bfz	H m	Bfz	H m	Bfz	H m	Bfz	H m
80	0,57	26	0,58	23	0,59	20	0,60	17	0,62	13
100	0,57	30	0,57	27	0,58	24	0,59	20	0,61	15
120	0,58	32	0,58	29	0,58	26	0,59	22	0,61	16
140	0,59	34	0,59	31	0,58	28	0,60	23	0,61	17

Die Baumformzahl ist demnach ebenfalls nicht nur von der Höhe, sondern auch vom Durchmesser abhängig. Die von Wimmenauer mitgeteilten Zahlen stimmen mit den vorstehenden gleichfalls gut überein; das von ihm gefundene Gesetz, dafs die Baumformzahl bis zu einem gewissen Alter sinkt und dann meist wieder steigt, tritt auch hier hervor, nur liegt nach meinen

---

[1]) **Wimmenauer**, Die Bestandesformzahlen der Rotbuche. Allgem. Forst- u. Jagdzeitung, 1893. S. 12.

Untersuchungen dieser Wendepunkt bei erheblich bedeutenderen Höhen, als Wimmenauer angiebt.

Zum Schluſs dieses Abschnittes möge noch eine Vergleichung der Angaben meiner Ertragstafeln (für mäſsige Durchforstung) mit den von Baur aufgestellten folgen. Zu diesem Zwecke habe ich in der folgenden Übersicht die beiderseitigen Daten für die Alter 60, 80, 100 und 120 nach Bonitäten geordnet untereinandergestellt, wobei die Baurschen mit „B“, die meinigen mit „S“ bezeichnet sind.

Bonität	Autor	Alter 60				Alter 80				Alter 100				Alter 120			
		M (Derbholz)	G	H	n	M (Derbholz)	G	H	n	M (Derbholz)	G	H	n	M (Derbholz)	G	H	n
I	B	354	34.8	21,6	1260	491	39,7	26,0	820	611	42.4	29.8	640	717	45.5	31.8	480
	S	322	34,0	20,4	1057	483	39,0	25,8	672	620	42,2	29,6	491	736	44,5	32.3	393
II	B	273	31.8	19.0	1520	400	37.2	23,0	920	508	40.2	26.6	680	607	44.0	28.6	560
	S	260	30.7	18,1	1395	392	34,9	23.2	855	500	37.5	27,0	617	587	39,1	29.6	492
III	B	209	25.7	16.9	1920	321	30,9	20.9	1080	416	36,6	23.0	840	493	40.5	25,0	700
	S	204	27,8	15,8	1810	310	31,5	20.4	1150	390	33,1	24,0	800	452	34.3	26,5	598
IV	B	128	23,4	13,5	2700	220	27,8	17.5	1420	306	32.5	19.6	960	381	35.9	21.6	750
	S	153	25,3	13,0	2315	237	29,1	16.8	1495	290	30.0	19,7	1090	328	30,2	21.9	820
V	B	65	18,0	10,0	3700	138	21,5	14,0	1840	212	26,0	16,0	1140	258	28,8	18,0	880
	S	107	22,5	10,4	2980	169	26,3	13,3	2060	200	27,1	15,2	1500	215	26,7	16,5	1160

Bei Vergleichung der korrespondierenden Zahlen ist eine sehr gute Übereinstimmung bezüglich der Mittelhöhen hervorzuheben, bei den Derbholzmassen treten bedeutendere Unterschiede durchgreifend nur in der V. Bonität hervor, ferner wäre noch das stärkere Sinken des Massenzuwachses in den höheren Altersstufen nach den Baur'schen Angaben hervorzuheben.

Weit beträchtlicher sind dagegen die Differenzen zwischen den beiderseitigen Stammzahlen und Stammgrundflächen.

In den ersten drei Bonitäten liegen die Baur'schen Stammzahlen ständig und zwar zum Teil recht erheblich über den von mir abgeleiteten, während sich in der IV. und V. Bonität, wenigstens vom 80jährigen Alter ab, das Verhältnis umkehrt.

Die Kreisflächen der I. Bonität stimmen in beiden Tafeln gut überein, in den übrigen Bonitäten liegen die Angaben von Baur im Anfang unter, später dagegen über den meinigen.

Die Erklärung für diese Differenzen möchte ich in folgenden Verhältnissen suchen:

Der gröfsere Stammreichtum der besseren Bonitäten dürfte eine Folge des nach heutiger Auffassung ungenügenden Durchforstungsbetriebes in Württemberg sein, während vor 18 Jahren die Anschauungen über diesen Gegenstand noch erheblich anders lagen. Weiter konnten dort diese Verhältnisse auf den Versuchsflächen bei einmaliger Aufnahme auch von seiten der Versuchsanstalt nicht so reguliert werden, wie in Preufsen, wo die Flächen bei der zweiten Aufnahme bereits meist dreimal nach den Vorschriften des Arbeitsplanes durchforstet worden waren.

Umgekehrt scheint mir die geringere Stammzahl der IV. und V. Bonität in Württemberg durch die vielfach aus ehemaligem Nieder- und Mittelwald hervorgegangenen Bestände der schwäbischen Alb veranlafst zu sein, während in Preufsen die entsprechenden Angaben meist in relativ hochgelegenen und stammreichen Beständen erhoben worden sind.

Die Unterschiede in den Kreisflächensummen dürften durch die von Baur angewandte Methode bedingt sein, indem er dieselben lediglich aus den bekannten Massen, Höhen, sowie aus den nach den Formzahluntersuchungen an Einzelstämmen abgeleiteten Formzahlen berechnet.

Nun hat aber bereits Wimmenauer in seiner oben (S. 71) zitierten Abhandlung darauf hingewiesen, dafs die von Baur für Württemberg mitgeteilten Formzahlen fast durchweg niedriger sind, als die hessischen, und infolgedessen auch hinter den mit letzteren im wesentlichen übereinstimmenden preufsischen Formzahlen zurückbleiben. Unter Anwendung der kleineren Formzahl mufste sich aber alsdann eine gröfsere Stammgrundfläche ergeben.

IV. Beteiligung der einzelnen Bestandespartieen am Produktionsgang.

Bereits seit einer Reihe von Jahren ist von verschiedenen Seiten, zuerst wohl von Grabner[1]), dann in neuerer Zeit namentlich von Riniker, Fischbach, Wagener, Grundner und Speidel darauf hingewiesen worden, daſs es zur wissenschaftlichen Begründung der Methoden der Bestandespflege, sowie zur Weiterbildung der Zuwachslehre unumgänglich notwendig sei, bei den Untersuchungen über das Bestandeswachstum nicht bloſs den Bestand als G a n z e s zu behandeln, sondern auch die Leistungen der e i n z e l n e n B e s t a n d e s p a r t i e e n und, wenn irgend möglich, jene der e i n z e l n e n S t a m m i n d i v i d u e n zu erforschen.

In dieser Richtung haben bereits verschiedene Ermittelungen stattgefunden und hat sich namentlich Speidel in neuester Zeit mit solchen beschäftigt; ich habe denselben ebenfalls in meinen Ertragstafeln über Kiefer und Fichte schon einen besonderen Abschnitt gewidmet.

Leider war bisher die Aufnahmsmethode für derartige Arbeiten ziemlich ungünstig, weil dieselbe meist immer von Klassen gleicher Stammzahlen ausging und letztere daher für verschiedene Altersstufen ungleich waren, während für genannten Zweck streng genommen stets dieselben Individuen, mindestens aber Gruppen von durch alle Altersstufen gleichbleibenden Stammzahlen untersucht werden müssen, da man doch im allgemeinen

---

[1]) Grabner, Die Forstwirtschaftslehre, Wien 1866. S. 460.

annehmen darf, daſs erhebliche Verschiebungen innerhalb der stärksten Stammgruppen, um welche es sich hauptsächlich handelt, nicht vorkommen.

Wenn auf diesem Gebiete etwas Erfolgreiches geleistet werden soll, so bildet die stammweise Numerierung und Buchführung der Zuwachsleistung die unentbehrliche Voraussetzung. Wir werden erst dann zu wirklich befriedigenden Resultaten kommen, wenn unsere Versuchsflächen mindestens zehn Jahre in der angegebenen Weise behandelt sind. Riniker war der erste, welcher bahnbrechend in diesem Sinne vorgegangen ist und hat derselbe deshalb trotz des relativ beschränkten Grundlagenmaterials doch sehr beachtenswerte Resultate erzielt. Alle übrigen Autoren waren bisher genötigt, bei solchen Arbeiten die Angaben aus den Aufnahmeakten erst mühsam zusammenzusuchen und sie teilweise, namentlich für Höhe und Formzahl, zu interpolieren.

Bei den vorliegenden Ertragsuntersuchungen in Buchenbeständen hat zum erstenmal die Berechnung der Massen und die Ermittelung der massenbildenden Faktoren durchgehends nach Gruppen gleicher Stammzahlen für alle Altersklassen stattgefunden. Diese Gruppen umfassen für die stärksten 400 Stämme je hundert, für die Klasse 401—1000 stärkste Stämme je zweihundert und darüber hinaus je vierhundert Individuen.

Dadurch, daſs in der oben (S. 2) angegebenen Weise fast allenthalben die Stammgrundflächen, Höhen und Formzahlen dieser Gruppen auch für den Beginn der Versuche ermittelt worden waren, lag die Möglichkeit vor, nicht nur den Anteil der einzelnen Klassen an der Zusammensetzung des gegenwärtigen Hauptbestandes, sondern auch deren Beteiligung am Gesamtzuwachs festzustellen.

Diese vom Herrn Oberförster Fricke in sorgfältigster Weise ausgeführten Erhebungen und Berechnungen lagen für 120 Bestände vor.

Aus diesem Material, welches reichhaltiger bisher noch niemals vorhanden gewesen war, sind die Tabellen IV, V und VI zuerst durch rechnerische Zusammenfassung der Bestände nach Dezennien und dann durch graphische Interpolation der Durchschnittswerte hergeleitet worden, welche geeignet erscheinen, einen Einblick in die Mechanik des Bestandeszuwachses zu geben.

Tabelle IV hat den Zweck, für den ganzen Hauptbestand, d. h. wenigstens für die 3000 stärksten Stämme, darzustellen, in welcher Weise sich die Gruppen von je 100 Stämmen a) an der Zusammensetzung des Hauptbestandes und b) am Gesamt-Derbholzzuwachs beteiligen, sowie ferner c) wie hoch deren Derbholzzuwachsprozent ist.

Um Mifsverständnisse zu vermeiden, wird darauf aufmerksam gemacht, dafs der übersichtlichen Anordnung der Tabelle wegen der Prozentsatz der Beteiligung am Zuwachs für die einzelnen Dezennien stets am Schlufs statt in der Mitte derselben vorgetragen ist (also z. B. die Wachstumsleistung im Alter von 90—100 Jahren beim Alter 100).

Tabelle V gewährt in übersichtlicherer Form bezüglich der Zusammensetzung des Bestandes und Zuwachses das gleiche Bild nicht für je 100 Stämme, sondern summarisch für die Klassen: 1—400, 401—1000 und über 1000 bis höchstens 3000 Stämme, dann enthält diese Tabelle noch den Prozentanteil, mit welchem die einzelnen Klassen an der Stammzahl des Hauptbestandes partizipieren. Letztere läfst ziffernmäfsig das Verhältnis ersehen, um wieviel in den geringeren Stammklassen der Prozentsatz der Beteiligung an der Zusammensetzung der Bestandesmasse und am Zuwachs hinter jenem der Stammzahl zurückbleibt.

Tabelle VI bringt endlich die wirklichen Massen für die Stammklasse 1—100, 101—200 und 401—600, ferner die Massen der Mittelstämme dieser Klassen, sowie des Bestandesmittelstammes und der Durchforstung; endlich enthält sie auch für die erstgenannten Mittelstämme Höhe und Durchmesser in Brusthöhe, da diese für verschiedene Fragen von Bedeutung sind. Während der Mittelstamm des Bestandes eine fingierte Gröfse ist, da er sich mit zunehmendem Alter in immer stärkere Klassen verschiebt, repräsentieren die Mittelstämme der genannten drei Klassen den Entwickelungsgang oder die Stammanalyse eines konstanten, aber allerdings ebenfalls aus Durchschnittswerten abgeleiteten Stammes.

Sämtliche drei Tabellen sind nur für die vier ersten Bonitäten aufgestellt, da für die V. Bonität wegen der geringen Anzahl der hierher gehörigen Probeflächen das nötige Grundlagenmaterial fehlt.

Beteiligung der einzelnen Stammgruppen an der Zusammensetzung des Bestandes sowie am Zuwachs für je 100 Stämme.

(Tabelle IV, V und VI.)

Tabelle IV.

Alter		Stamm-gruppe 1 bis 100	Stamm-gruppe 101 bis 200	Stamm-gruppe 201 bis 300	Stamm-gruppe 301 bis 400	Stamm-gruppe 401 bis 600	Stamm-gruppe 601 bis 800	Stamm-gruppe 801 bis 1000	Stamm-gruppe 1001 bis 1400	Stamm-gruppe 1401 bis 1800	Stamm-gruppe 1801 bis 2200	Stamm-gruppe 2201 bis 2600	Stamm-gruppe 2601 bis 3000

I. Bonität.

Alter		1 bis 100	101 bis 200	201 bis 300	301 bis 400	401 bis 600	601 bis 800	801 bis 1000	1001 bis 1400	1401 bis 1800	1801 bis 2200	2201 bis 2600	2601 bis 3000
40	a	16	12	9	8	7	5	4	3	2	1	—	—
	b	13	10	8	7	6	5	4	3	3	2	—	—
	c	8,1	8,2	8,3	8,5	8,9	9,3	9,9	10,5	12,4	10,0	—	—
50	a	18	13	11	10	8	6	4	4	—	—	—	—
	b	16	11	10	9	9	7	5	3	—	—	—	—
	c	4,7	4,8	4,9	5,0	6,0	6,3	6,7	4,0	—	—	—	—
60	a	22	15	12	11	9	7	4	—	—	—	—	—
	b	21	15	12	11	9	8	3	—	—	—	—	—
	c	4,2	4,1	4,0	4,0	3,8	4,0	—	—	—	—	—	—
70	a	25	18	14	12	10	6	—	—	—	—	—	—
	b	24	18	15	13	9	5	—	—	—	—	—	—
	c	3,2	3,1	3,1	3,1	2,5	3,0	—	—	—	—	—	—
80	a	29	20	16	13	11	—	—	—	—	—	—	—
	b	29	20	19	16	7	—	—	—	—	—	—	—
	c	2,7	2,6	2,6	2,5	2,3	2,0	—	—	—	—	—	—
90	a	33	23	18	15	6	—	—	—	—	—	—	—
	b	33	23	20	17	3	—	—	—	—	—	—	—
	c	2,3	2,2	2,2	2,2	2,0	—	—	—	—	—	—	—
100	a	38	26	20	16	—	—	—	—	—	—	—	—
	b	38	26	21	16	—	—	—	—	—	—	—	—
	c	1,9	1,8	1,8	1,7	—	—	—	—	—	—	—	—
110	a	42	29	22	7	—	—	—	—	—	—	—	—
	b	42	29	23	6	—	—	—	—	—	—	—	—
	c	1,7	1,6	1,5	1,2	—	—	—	—	—	—	—	—
120	a	47	32	20	1	—	—	—	—	—	—	—	—
	b	48	33	19	—	—	—	—	—	—	—	—	—
	c	1,5	1,4	1,3	—	—	—	—	—	—	—	—	—
130	a	52	35	13	—	—	—	—	—	—	—	—	—
	b	54	36	10	—	—	—	—	—	—	—	—	—
	c	1,3	1,2	1,0	—	—	—	—	—	—	—	—	—
140	a	57	38	5	—	—	—	—	—	—	—	—	—
	b	58	38	4	—	—	—	—	—	—	—	—	—
	c	1,2	1,1	0,8	—	—	—	—	—	—	—	—	—

II. Bonität.

Alter		1 bis 100	101 bis 200	201 bis 300	301 bis 400	401 bis 600	601 bis 800	801 bis 1000	1001 bis 1400	1401 bis 1800	1801 bis 2200	2201 bis 2600	2601 bis 3000
40	a	13	9	8	7	6	5	4	3	2	2	1	—
	b	10	7	6	5	4	4	4	3	3	3	2	—
	c	6,5	6,4	6,2	5,9	5,7	6,6	8,0	9,0	11,5	12,5	9,0	—
50	a	14	10	9	8	7	6	5	3	2	1	—	—
	b	12	8	7	6	5	5	4	4	4	2	—	—
	c	4,7	4,6	4,4	4,2	4,0	4,3	4,7	7,4	11,2	5,0	—	—
60	a	17	12	11	9	8	7	6	2	—	—	—	—
	b	18	12	10	8	8	7	6	2	—	—	—	—
	c	4,2	4,0	3,8	3,6	3,8	4,0	4,2	3,5	—	—	—	—

*) a bedeutet den Anteil der betr. Klasse an dem Derbholzvorrat des Hauptbestandes.
   b „ „ „ „ „ „ am gesamten Derbholzzuwachs.
   c „ das Derbholzzuwachsprozent der betr. Klasse.

Alter		Stammgruppe 1 bis 100	Stammgruppe 101 bis 200	Stammgruppe 201 bis 300	Stammgruppe 301 bis 400	Stammgruppe 401 bis 600	Stammgruppe 601 bis 800	Stammgruppe 801 bis 1000	Stammgruppe 1001 bis 1400	Stammgruppe 1401 bis 1800	Stammgruppe 1801 bis 2200	Stammgruppe 2201 bis 2600	Stammgruppe 2601 bis 3000
70	a	21	14	13	10	9	7	5	1	—	—	—	—
	b	22	14	13	10	9	7	5	—	—	—	—	—
	c	3,2	3,1	3,1	3,0	3,0	2,9	2,5	—	—	—	—	—
80	a	24	16	14	11	11	5	1	—	—	—	—	—
	b	25	17	15	11	11	4	1	—	—	—	—	—
	c	2,7	2,6	2,6	2,5	2,4	2,2	1,8	—	—	—	—	—
90	a	28	19	15	12	11	2	—	—	—	—	—	—
	b	30	19	16	12	9	2	—	—	—	—	—	—
	c	2,4	2,3	2,2	2,1	1,8	1,0	—	—	—	—	—	—
100	a	33	21	16	13	9	—	—	—	—	—	—	—
	b	35	21	16	13	8	—	—	—	—	—	—	—
	c	1,9	1,8	1,8	1,5	1,1	—	—	—	—	—	—	—
110	a	37	24	17	14	4	—	—	—	—	—	—	—
	b	39	24	17	14	3	—	—	—	—	—	—	—
	c	1,7	1,6	1,6	1,3	0,9	—	—	—	—	—	—	—
120	a	41	26	18	15	—	—	—	—	—	—	—	—
	b	43	26	18	14	—	—	—	—	—	—	—	—
	c	1,5	1,4	1,3	1,1	—	—	—	—	—	—	—	—
130	a	45	29	18	8	—	—	—	—	—	—	—	—
	b	47	29	18	7	—	—	—	—	—	—	—	—
	c	1,3	1,2	1,1	0,8	—	—	—	—	—	—	—	—
140	a	50	31	17	2	—	—	—	—	—	—	—	—
	b	53	31	15	1	—	—	—	—	—	—	—	—
	c	1,2	1,1	0,9	0,5	—	—	—	—	—	—	—	—

III. Bonität.

Alter		Stammgruppe 1 bis 100	Stammgruppe 101 bis 200	Stammgruppe 201 bis 300	Stammgruppe 301 bis 400	Stammgruppe 401 bis 600	Stammgruppe 601 bis 800	Stammgruppe 801 bis 1000	Stammgruppe 1001 bis 1400	Stammgruppe 1401 bis 1800	Stammgruppe 1801 bis 2200	Stammgruppe 2201 bis 2600	Stammgruppe 2601 bis 3000
40	a	14	10	8	7	6	5	4	3	2	2	1	—
	b	10	7	6	5	5	4	4	4	3	3	1	—
	c	10,1	10,0	10,2	10,3	10,5	10,8	11,1	11,5	11,9	11,5	10,0	—
50	a	14	10	8	7	6	5	4	3	3	2	—	—
	b	11	8	7	6	5	5	4	4	4	2	—	—
	c	4,5	4,7	5,1	5,3	5,5	5,8	6,3	6,8	7,5	6,5	—	—
60	a	15	11	9	8	6	6	5	4	2	—	—	—
	b	12	9	8	7	6	6	5	5	2	—	—	—
	c	3,9	3,9	3,8	3,9	4,0	4,1	4,3	4,8	4,0	—	—	—
70	a	17	12	11	9	7	7	5	4	—	—	—	—
	b	18	12	10	8	7	7	5	3	—	—	—	—
	c	3,2	3,2	3,1	3,1	3,1	3,0	2,5	1,8	—	—	—	—
80	a	20	14	12	10	8	7	4	2	—	—	—	—
	b	23	15	13	10	8	7	3	1	—	—	—	—
	c	2,6	2,6	2,5	2,4	2,2	2,0	1,7	1,3	—	—	—	—
90	a	23	16	14	11	8	8	2	—	—	—	—	—
	b	27	17	15	11	8	6	1	—	—	—	—	—
	c	2,3	2,2	2,1	2,0	1,6	1,1	0,5	—	—	—	—	—
100	a	27	18	16	12	9	5	—	—	—	—	—	—
	b	32	19	17	12	6	3	—	—	—	—	—	—
	c	1,8	1,7	1,6	1,5	1,3	1,0	—	—	—	—	—	—

Tabelle IV.

Alter		Stammgruppe 1 bis 100	Stammgruppe 101 bis 200	Stammgruppe 201 bis 300	Stammgruppe 301 bis 400	Stammgruppe 401 bis 600	Stammgruppe 601 bis 800	Stammgruppe 801 bis 1000	Stammgruppe 1001 bis 1400	Stammgruppe 1401 bis 1800	Stammgruppe 1801 bis 2200	Stammgruppe 2201 bis 2600	Stammgruppe 2601 bis 3000
110	a	32	20	17	12	9	1	—	—	—	—	—	—
	b	36	21	18	12	5	1	—	—	—	—	—	—
	c	1,6	1,5	1,4	1,1	0,9	0,5	—	—	—	—	—	—
120	a	36	22	18	11	6	—	—	—	—	—	—	—
	b	40	23	18	10	4	—	—	—	—	—	—	—
	c	1,4	1,3	1,2	1,1	0,9	—	—	—	—	—	—	—
130	a	40	25	19	11	2	—	—	—	—	—	—	—
	b	46	26	17	9	1	—	—	—	—	—	—	—
	c	1,3	1,1	1,0	0,8	0,4	—	—	—	—	—	—	—
140	a	45	26	20	9	—	—	—	—	—	—	—	—
	b	51	26	17	6	—	—	—	—	—	—	—	—
	c	1,2	1,1	1,0	0,8	—	—	—	—	—	—	—	—

IV. Bonität.

Alter		Stammgruppe 1 bis 100	Stammgruppe 101 bis 200	Stammgruppe 201 bis 300	Stammgruppe 301 bis 400	Stammgruppe 401 bis 600	Stammgruppe 601 bis 800	Stammgruppe 801 bis 1000	Stammgruppe 1001 bis 1400	Stammgruppe 1401 bis 1800	Stammgruppe 1801 bis 2200	Stammgruppe 2201 bis 2600	Stammgruppe 2601 bis 3000
40	a	14	11	9	7	6	5	4	3	2	2	—	—
	b	12	9	7	6	5	5	4	4	3	2	—	—
	c	11,3	11,4	11,5	11,6	11,7	11,9	12,2	12,5	13,0	11,0	—	—
50	a	13	10	8	7	6	5	4	3	2	2	1	—
	b	12	9	7	6	6	5	5	4	3	1	1	—
	c	5,4	5,6	5,7	5,9	6,3	6,5	6,7	7,1	7,5	7,0	4,0	—
60	a	14	10	8	7	6	6	4	3	2	1	1	—
	b	14	10	8	7	6	6	5	5	3	1	1	—
	c	3,8	3,9	4,0	4,1	4,2	4,3	4,4	4,6	4,9	4,0	2,0	—
70	a	15	11	9	8	7	6	5	4	1	—	—	—
	b	15	11	9	8	7	7	6	3	1	—	—	—
	c	2,6	2,7	2,7	2,8	2,8	2,8	2,9	2,5	2,0	—	—	—
80	a	16	12	10	9	8	7	5	3	—	—	—	—
	b	17	13	10	9	8	8	7	1	—	—	—	—
	c	2,2	2,2	2,2	2,2	2,2	2,1	1,8	1,0	—	—	—	—
90	a	18	13	12	10	8	7	4	2	—	—	—	—
	b	20	14	12	10	8	7	5	1	—	—	—	—
	c	1,8	1,8	1,7	1,7	1,7	1,6	1,2	0,8	—	—	—	—
100	a	20	15	13	11	9	7	3	1	—	—	—	—
	b	23	16	14	12	9	6	2	—	—	—	—	—
	c	1,6	1,5	1,5	1,4	1,4	1,2	0,9	—	—	—	—	—
110	a	23	17	15	12	10	6	1	—	—	—	—	—
	b	26	18	16	14	10	3	—	—	—	—	—	—
	c	1,3	1,4	1,3	1,2	1,2	1,0	—	—	—	—	—	—
120	a	26	19	17	13	11	2	—	—	—	—	—	—
	b	30	19	17	14	9	1	—	—	—	—	—	—
	c	1,4	1,3	1,2	1,0	1,0	0,5	—	—	—	—	—	—
130	a	29	21	18	13	10	—	—	—	—	—	—	—
	b	32	21	18	14	8	—	—	—	—	—	—	—
	c	1,3	1,2	1,0	0,9	0,8	—	—	—	—	—	—	—
140	a	32	22	19	12	7	—	—	—	—	—	—	—
	b	34	22	19	12	6	—	—	—	—	—	—	—
	c	1,1	1,1	0,9	0,7	0,3	—	—	—	—	—	—	—

Tabelle V.

I. Bonität.

Alter	Stammklasse 1—400			Stammklasse 401—1000			Stammklasse 1001—3000		
	% der Stammzahl	% der Derbholzmasse	% des Derbholzzuwachses	% der Stammzahl	% der Derbholzmasse	% des Derbholzzuwachses	% der Stammzahl	% der Derbholzmasse	% des Derbholzzuwachses
40	17	45	38	26	32	30	56	23	32
50	27	52	44	40	36	42	33	12	14
60	38	60	59	62	40	41	—	—	—
70	51	69	70	49	31	30	—	—	—
80	65	78	86	35	22	14	—	—	—
90	81	89	93	19	11	7	—	—	—
100	97	99	100	3	1	—	—	—	—
110	100	100	100	—	—	—	—	—	—
120	100	100	100	—	—	—	—	—	—
130	100	100	100	—	—	—	—	—	—
140	100	100	100	—	—	—	—	—	—

III. Bonität.

Alter	Stammklasse 1—400			Stammklasse 401—1000			Stammklasse 1001—3000		
	% der Stammzahl	% der Derbholzmasse	% des Derbholzzuwachses	% der Stammzahl	% der Derbholzmasse	% des Derbholzzuwachses	% der Stammzahl	% der Derbholzmasse	% des Derbholzzuwachses
40	12	39	28	18	30	26	58	31	46
50	17	39	32	25	30	28	58	31	40
60	22	43	36	33	34	34	45	23	30
70	28	49	48	42	38	38	30	13	14
80	35	56	61	58	38	36	12	6	3
90	43	64	70	57	36	30	—	—	—
100	53	73	80	47	27	20	—	—	—
110	65	81	87	35	19	13	—	—	—
120	78	87	91	22	13	9	—	—	—
130	93	95	98	7	5	2	—	—	—
140	100	100	100	—	—	—	—	—	—

II. Bonität.

Alter	Stammklasse 1—400			Stammklasse 401—1000			Stammklasse 1001—3000		
	% der Stammzahl	% der Derbholzmasse	% des Derbholzzuwachses	% der Stammzahl	% der Derbholzmasse	% des Derbholzzuwachses	% der Stammzahl	% der Derbholzmasse	% des Derbholzzuwachses
40	14	37	28	21	30	24	65	33	48
50	20	41	33	31	36	28	49	23	29
60	29	49	48	43	42	42	28	9	10
70	37	58	59	56	40	41	7	2	—
80	49	65	68	51	34	32	—	—	—
90	62	74	77	38	26	23	—	—	—
100	74	83	85	26	17	15	—	—	—
110	87	92	95	13	8	5	—	—	—
120	100	100	100	—	—	—	—	—	—
130	100	100	100	—	—	—	—	—	—
140	100	100	100	—	—	—	—	—	—

IV. Bonität.

Alter	Stammklasse 1—400			Stammklasse 401—1000			Stammklasse 1001—3000		
	% der Stammzahl	% der Derbholzmasse	% des Derbholzzuwachses	% der Stammzahl	% der Derbholzmasse	% des Derbholzzuwachses	% der Stammzahl	% der Derbholzmasse	% des Derbholzzuwachses
40	10	41	34	15	30	28	49	29	28
50	13	38	38	20	30	30	67	32	32
60	17	39	39	26	32	34	57	29	27
70	22	43	43	33	36	40	45	21	17
80	27	47	49	40	40	46	33	13	5
90	32	53	56	49	38	41	19	9	3
100	39	59	65	58	36	34	3	5	1
110	47	67	74	53	33	26	—	—	—
120	57	75	80	43	25	20	—	—	—
130	67	81	85	33	19	15	—	—	—
140	77	85	87	23	15	13	—	—	—

Tabelle VI.

Alter	des Hauptbestandes					der Stammklasse 1—100				der Stammklasse 101—200				der Stammklasse 401—600				Periodischer Abgang
	Stammzahl	Derbholzmasse	Mittelstamm			Derbholzmasse	Mittelstamm			Derbholzmasse	Mittelstamm			Derbholzmasse	Mittelstamm			des Mittelstammes Derbholzmasse
			Höhe	Durchmesser	Derbholzmasse		Höhe	Durchmesser	Derbholzmasse		Höhe	Durchmesser	Derbholzmasse		Höhe	Durchmesser	Derbholzmasse	
Jahre	fm	m	cm	fm		fm	m	cm	fm	fm	m	cm	fm	fm	m	cm	fm	fm

I. Bonität.

Alter	Stammzahl	Derbholzmasse	Höhe	Durchmesser	Derbholzmasse	Derbholzmasse	Höhe	Durchmesser	Derbholzmasse	Derbholzmasse	Höhe	Durchmesser	Derbholzmasse	Derbholzmasse	Höhe	Durchmesser	Derbholzmasse	Periodischer Abgang
40	2335	136	13,6	11,5	0,06	22,0	16,5	19,5	0,22	16,0	15,7	16,2	0,16	9,7	14,1	14,0	0,10	0,01
50	1495	233	17,1	16,0	0,16	42,2	20,2	24,5	0,42	30,0	19,4	20,5	0,30	17,9	17,5	17,4	0,18	0,04
60	1046	320	20,4	20,3	0,30	69,1	23,0	28,8	0,69	49,0	22,1	24,3	0,49	29,1	20,4	20,0	0,29	0,11
70	781	395	23,3	24,2	0,51	99,1	25,1	32,5	0,99	69,9	24,2	27,7	0,70	41,1	22,9	22,0	0,41	0,23
80	615	459	25,8	27,7	0,75	134,0	27,0	35,7	1,34	94,1	26,1	30,7	0,94	50,0	25,2	23,0	0,50	0,39
90	496	515	28,0	31,1	1,04	172,0	28,7	38,5	1,72	120,0	27,8	33,4	1,20	—	—	—	—	0,53
100	410	563	29,8	34,4	1,37	212,3	30,4	41,4	2,12	146,9	29,5	35,8	1,47	—	—	—	—	0,77
110	352	604	31,3	37,2	1,72	254,8	31,9	44,4	2,55	175,2	31,0	37,9	1,75	—	—	—	—	1,12
120	311	638	32,6	39,6	2,05	299,2	33,2	46,9	2,99	202,9	32,3	39,8	2,02	—	—	—	—	1,53
130	278	666	33,6	41,8	2,39	345,0	34,2	49,5	3,45	231,1	33,2	41,5	2,31	—	—	—	—	1,72
140	248	689	34,4	44,0	2,78	389,2	35,0	52,0	3,89	258,4	34,0	43,0	2,58	—	—	—	—	1,81

II. Bonität.

Alter	Stammzahl	Derbholzmasse	Höhe	Durchmesser	Derbholzmasse	Derbholzmasse	Höhe	Durchmesser	Derbholzmasse	Derbholzmasse	Höhe	Durchmesser	Derbholzmasse	Derbholzmasse	Höhe	Durchmesser	Derbholzmasse	Periodischer Abgang
40	2840	102	11,9	9,8	0,04	13,7	14,2	16,0	0,13	9,0	13,5	13,3	0,09	6,4	12,9	11,7	0,06	—
50	1920	184	15,2	13,3	0,10	26,2	17,8	19,7	0,26	18,0	17,0	16,7	0,18	12,9	16,3	14,5	0,13	0,03
60	1395	260	18,1	16,6	0,19	45,2	20,9	23,6	0,45	30,7	20,1	20,0	0,31	21,5	19,3	17,3	0,21	0,07
70	1077	328	20,8	19,8	0,30	67,9	23,4	27,2	0,68	45,5	22,6	22,9	0,45	31,2	21,5	19,6	0,31	0,12
80	820	383	23,3	23,0	0,47	93,0	25,4	30,6	0,93	62,0	24,6	25,3	0,62	40,9	23,0	21,4	0,41	0,19
90	645	426	25,4	26,1	0,66	120,9	27,0	33,8	1,21	79,5	26,2	27,7	0,79	47,8	24,0	22,7	0,48	0,34
100	539	459	27,2	28,5	0,85	151,1	28,3	36,7	1,51	97,5	27,5	29,9	0,97	—	—	—	—	0,54
110	462	489	28,6	30,7	1,06	181,4	29,4	39,3	1,81	116,0	28,6	31,9	1,16	—	—	—	—	0,75
120	402	516	29,8	32,8	1,28	212,2	30,4	41,6	2,12	135,0	29,6	33,7	1,35	—	—	—	—	0,82
130	352	539	30,9	35,0	1,53	244,1	31,4	43,7	2,44	155,0	30,6	35,4	1,55	—	—	—	—	0,92
140	310	559	31,7	37,2	1,81	278,3	32,3	45,7	2,78	176,0	31,5	37,0	1,76	—	—	—	—	1,11

Alter	des Hauptbestandes					der Stammklasse 1—100				der Stammklasse 101—200				der Stammklasse 401—600				Periodischer Abgang
	Stammzahl	Derbholzmasse	Mittelstamm			Derbholzmasse	Mittelstamm			Derbholzmasse	Mittelstamm			Derbholzmasse	Mittelstamm			des Mittelstammes Derbholzmasse
			Höhe	Durchmesser	Derbholzmasse		Höhe	Durchmesser	Derbholzmasse		Höhe	Durchmesser	Derbholzmasse		Höhe	Durchmesser	Derbholzmasse	
Jahre		fm	m	cm	fm	fm	m	cm	fm	fm	m	cm	fm	fm	m	cm	fm	fm

III. Bonität.

Alter	Stammzahl	Derbholzmasse	Höhe	Durchmesser	Derbholzmasse	Derbholzmasse	Höhe	Durchmesser	Derbholzmasse	Derbholzmasse	Höhe	Durchmesser	Derbholzmasse	Derbholzmasse	Höhe	Durchmesser	Derbholzmasse	Periodischer Abgang
40	3430	66	11,7	8,3	0,02	10,3	13,0	15,0	0,10	7,6	12,5	13,0	0,08	3,9	12,0	10,0	0,04	—
50	2400	140	13,1	11,3	0,05	19,3	15,7	18,5	0,19	14,1	15,2	15,8	0,14	7,5	14,3	12,5	0,07	0,01
60	1810	204	15,8	14,0	0,11	30,0	18,2	21,5	0,30	21,8	17,7	18,4	0,22	12,3	16,3	14,5	0,12	0,04
70	1430	260	18,2	16,4	0,18	45,0	20,4	24,3	0,45	31,1	19,9	20,6	0,31	17,7	18,0	16,2	0,18	0,07
80	1142	308	20,4	18,7	0,27	62,0	22,3	27,0	0,62	42,1	21,8	22,8	0,42	23,1	19,4	17,6	0,23	0,11
90	922	347	22,4	21,0	0,38	81,0	23,9	29,6	0,81	54,7	23,4	24,8	0,55	27,9	20,5	18,8	0,28	0,17
100	749	374	24,1	23,2	0,50	102,0	25,2	32,1	1,02	66,5	24,7	26,6	0,66	32,0	21,3	19,7	0,32	0,24
110	612	393	25,6	25,5	0,64	124,0	26,3	34,5	1,24	79,3	25,8	28,2	0,79	35,5	21,9	20,4	0,36	0,33
120	510	410	26,7	27,8	0,79	147,0	27,3	36,7	1,47	92,1	26,8	29,6	0,92	—	—	—	—	0,43
130	432	425	27,6	30,1	0,98	171,0	28,2	38,7	1,71	105,0	27,7	30,9	1,05	—	—	—	—	0,54
140	375	438	28,4	32,1	1,17	195,0	29,0	40,5	1,95	117,0	28,4	32,1	1,17	—	—	—	—	0,63

IV. Bonität.

Alter	Stammzahl	Derbholzmasse	Höhe	Durchmesser	Derbholzmasse	Derbholzmasse	Höhe	Durchmesser	Derbholzmasse	Derbholzmasse	Höhe	Durchmesser	Derbholzmasse	Derbholzmasse	Höhe	Durchmesser	Derbholzmasse	Periodischer Abgang
40	4055	45	7,9	7,2	0,01	6,5	11,5	13,0	0,06	4,9	11,1	11,5	0,05	2,7	10,7	8,8	0,03	—
50	2955	101	10,5	9,6	0,03	13,5	13,6	16,0	0,13	9,8	13,2	14,5	0,10	5,9	13,0	11,4	0,06	—
60	2315	153	13,0	11,8	0,07	21,2	15,5	18,6	0,21	15,6	15,1	16,9	0,16	9,7	15,0	13,0	0,10	0,02
70	1845	199	15,1	13,9	0,11	29,8	17,2	20,9	0,30	22,2	16,7	18,7	0,22	13,8	16,7	15,4	0,14	0,03
80	1495	237	16,8	15,8	0,16	38,3	18,7	23,0	0,38	28,8	18,2	20,3	0,29	18,1	17,1	16,8	0,18	0,05
90	1229	264	18,3	17,4	0,21	47,9	20,0	24,9	0,48	35,6	19,5	21,6	0,36	22,1	18,3	17,9	0,22	0,09
100	1029	282	19,7	19,0	0,27	57,8	21,1	26,6	0,58	42,4	20,6	22,8	0,42	26,1	19,3	18,8	0,26	0,14
110	856	293	20,9	20,7	0,34	68,1	22,0	28,1	0,68	49,4	21,5	24,0	0,49	29,7	20,1	19,6	0,30	0,18
120	708	302	22,0	22,4	0,43	79,1	22,8	29,5	0,79	56,2	22,2	25,1	0,56	33,0	20,7	20,3	0,33	0,22
130	599	308	22,8	24,1	0,52	89,9	23,5	30,8	0,90	63,1	22,9	26,2	0,63	36,3	21,2	21,0	0,36	0,28
140	520	314	23,4	25,6	0,60	101,0	24,1	32,0	1,01	70,2	23,5	27,2	0,70	—	—	—	—	0,33

Aus diesen Untersuchungen über die Wachstumsleistung der einzelnen Stammklassen dürften folgende Ergebnisse abzuleiten sein:

1) Die stärksten Stämme, deren Zahl nach der Bonität wechselt und etwa jener des dereinstigen Haubarkeitsbestandes entspricht, beteiligen sich schon von verhältnismäfsig frühem Alter ab in ganz besonders hervorragendem, den Prozentsatz der Stammzahl weit übersteigendem Mafse sowohl an der Zusammensetzung des Hauptbestandes als am Gesamtzuwachs. Bereits im Alter von 40 bis 50 Jahren haben sich die wachstumskräftigsten Stämme deutlich herausgebildet.

2) Unter diesen Stämmen des dereinstigen Haubarkeitsbestandes überwiegt die Klasse der 100 bezw. 200 stärksten Stämme wieder in ganz auffallender Weise. So produzieren z. B. in der Altersperiode vom 60. bis zum 140. Jahre vom gesamten Derbholzzuwachs die stärksten:

		100 Stämme	200 Stämme
in der I. Bonität		39 %	64 %
„ „ II. „		35 %	57 %
„ „ III. „		32 %	51 %
„ „ IV. „		23 %	39 %

3) Speidel[1]) hat den Satz aufgestellt, dafs der Massenzuwachs der einzelnen Stammklassen annähernd proportional ihrem Anteil an der Bestandesmasse erfolgt. Auf Grund des mir vorliegenden reichhaltigeren und sich namentlich über eine längere Altersperiode erstreckenden Materiales kann dieses Gesetz für die Buche im allgemeinen bestätigt und in folgender Form erweitert werden:

Die einzelnen Stammklassen beteiligen sich an der Wachstumsleistung annähernd mit demselben Prozentsatze, wie an der Zusammensetzung des Hauptbestandes; im Anfange ist der Prozentsatz der Beteiligung an der Vermehrung des Derbholzvorrates geringer als jener an der des Vorrates selbst; ersterer steigt jedoch ziemlich rasch an, überholt den Prozentsatz der Massenbeteiligung, erreicht ein Maximum, nähert sich sodann letzterem wieder und sinkt schliefslich ebenfalls rasch und bedeutend unter ihn herunter.

---

[1]) Zeitschrift für Forst- und Jagdwesen. 1892. S. 784.

Wenn der Prozentsatz der Beteiligung am Massenzuwachs unter jenem der Beteiligung an der Zusammensetzung des Hauptbestandes herabgesunken ist, hat die betreffende Stammklasse die Periode der gröfsten Wachstumsenergie beendet, sie nimmt alsdann noch etwa 20 Jahre in allmählich schwächer werdendem Mafse an der Produktion teil und scheidet schliefslich im Durchforstungswege aus.

Die Kulmination des Prozentsatzes der Massenproduktion erfolgt in den schwächsten Stammklassen zuerst und rückt für die stärkeren Klassen in einen immer späteren Zeitabschnitt.

4) Das Zuwachsprozent bildet für jede Stammklasse eine fallende Reihe, bei gleichem Alter ist das Verhältnis des Zuwachsprozentes zwischen den einzelnen Stammklassen je nach dem Alter verschieden und wird namentlich dadurch verwickelt, dafs wir es hier mit dem Derbholzzuwachsprozent zu thun haben, welches nicht nur von der absoluten Wachstumsleistung, sondern auch von dem Grade des Überganges aus dem Reisholz ins Derbholz abhängt.

In den höheren Altersstufen nimmt das Zuwachsprozent bei gleichem Alter von den stärkeren Altersstufen nach den schwächeren hin ab, und zwar erfolgt dieses Sinken späterhin immer rascher. Das Zuwachsprozent der stärkeren Stammklassen liegt über, jenes der schwächeren unter dem Zuwachsprozent des Bestandes, und beträgt für die im Durchforstungswege ausscheidenden Stämme im allgemeinen weniger als 1%.

In den jüngeren und mittleren Lebensaltern ist das Verhältnis zwischen dem Zuwachsprozent der einzelnen Stammklassen umgekehrt. Bis etwa zum 70. Jahre liegt nämlich das Zuwachsprozent der stärksten Stammklassen zwar ebenfalls hoch, erreicht aber das Zuwachsprozent des Bestandes noch nicht und steigt alsdann in den schwächeren Stammklassen allmählich an, nur in den eben ausscheidenden Stammklassen tritt wieder ein Sinken ein.

Zwischen der Periode des Steigens und jener des Fallens nach den schwächeren Stammklassen zu liegt ein Zeitabschnitt, in welchem das Zuwachsprozent für alle Stammklassen annähernd fast gleich ist.

Der Grund, warum das Zuwachsprozent der schwächeren Klassen in der Jugendperiode über jenem der stärkeren liegt, dürfte hauptsächlich in dem Übergang einer bedeutenden Zahl von schwachen Stämmen aus dem Reisholz ins Derbholz zu suchen sein, daneben kommt aber auch noch der frühere Eintritt der Periode der größten Wachstumsenergie bei diesen Stammklassen in Betracht.

Fragen wir nach den wirtschaftlichen Folgerungen, welche aus diesen Untersuchungen gezogen werden können, so ergeben sich solche wohl vorläufig hauptsächlich aus der Thatsache, daß schon im verhältnismäßig jugendlichen Alter eine nach der Bonität wechselnde, im allgemeinen etwa der Zahl der Stämme des seinerzeitigen Abtriebsbestandes entsprechende Gruppe von besonders wachstumskräftigen Bäumen hervortritt. Diese haben infolge besonders günstiger Wachstumsbedingungen schon in der Jugend einen Vorsprung vor ihren Altersgenossen erlangt, ihre Ernährungsorgane dementsprechend reichlich entwickelt und behaupten den einmal erreichten Vorteil während ihres ganzen Lebens. Die von Herrn Oberförster Fricke ausgeführten Untersuchungen haben auch ergeben, daß diese vorherrschenden Stämme infolge ihrer reich ausgebildeten Vegetationsorgane am raschesten und energischsten auf alle günstigen Momente (Witterung, wirtschaftliche Operationen) reagieren. Die geringeren Stammklassen brauchen mindestens erst eine bald längere, bald kürzere Zeit, um ihre Organe den veränderten Ernährungsbedingungen anzupassen, die geringsten und namentlich die bereits kränkelnden Stämme sind teilweise überhaupt nicht mehr in der Lage, von den günstigeren Ernährungsverhältnissen Gebrauch zu machen.

Da die Aufgabe der Wirtschaft darin besteht, den natürlichen Entwicklungsgang zu unterstützen und zu fördern, so dürften sich folgende Gesichtspunkte für die Bestandespflege ergeben:

Nachdem bei den ersten Durchforstungen unter den stärksten Stämmen Musterung gehalten ist, damit nur solche Individuen verbleiben, welche gute Stammformen besitzen und, soweit bei der Buche möglich, Nutzholz zu liefern versprechen, sind fernerhin die guten, vorherrschenden Stämme stets durch Wegnahme der ihre Kronenausbildung beengenden, schwachen und daher zuwachsarmen Stämme zu begünstigen.

Es empfehlen sich also in dieser Richtung Grundsätze, welche bei gemischten Beständen zur sog. Hauptbestandsdurchforstung (éclaircie par le haut) führen.

Wo ausgedehnte, dichtbestockte Buchenstangenhölzer vorhanden sind und der Absatz für das schwache Material fehlt, kann es genügen, sich auf die Pflege der Stämme des Haubarkeitsbestandes zu beschränken.

Unter normalen Verhältnissen wird aber der sog. „Füllbestand" ebenfalls nach seiner Wachstumsleistung zu beurteilen und zu behandeln sein.

Derselbe enthält stets eine Anzahl von Stämmen, welche für die Bestandesentwicklung als gleichgültig betrachtet werden müssen; diese fallen der schwachen und mäfsigen Durchforstung anheim. Daneben ist aber noch eine weitere Kategorie von Stämmen vorhanden, welche während der mittleren Lebensperiode des Bestandes, also im stärkeren Stangenholzalter, ihre Hauptwachstumsenergie entfalten, um dann rasch nachzulassen; dieselbe umfafst etwa die Klasse der 1000 bis 2000 stärksten Stämme.

Es wäre jedenfalls wirtschaftlich nicht gerechtfertigt, diese noch mit einem Massenzuwachsprozent von 2 bis 3 arbeitenden Stämme im Wege der starken Durchforstungen herauszunehmen, abgesehen davon, dafs dieselben auch sonst noch bedeutungsvolle Funktionen durch die Beschirmung des Bodens, das Hinaufschieben der Krone der Hauptbestandsstämme und die Förderung der Astreinheit etc. ausüben.

Gegen die starke Durchforstung in diesem Alter spricht noch weiter der Umstand, dafs während desselben die Trennung der Klassen III und IV ziemlich schwierig ist, weshalb derartige Durchforstungen alsdann leicht zu scharf geführt werden.

Aus den angeführten Gründen erscheint im stärkeren Stangenholzalter für den Füllbestand nur die „mäfsige" Durchforstung sowohl waldbaulich als wirtschaftlich zulässig.

Vom Übergang in das Baumholzalter ab sind die Klassen III, IVa und IVb deutlich und sicher zu erkennen, das Wachstum der mittleren Stammklassen läfst rasch nach, waldbaulich steht der Entnahme dieser Stämme nun kein Bedenken mehr entgegen, und es tritt nunmehr das wirtschaftliche Moment in den Vordergrund, welches, wie die unten (S. 100) folgenden Untersuchungen zeigen, die Wagschale zu Gunsten der starken Durchforstung sinken läfst.

So interessant diese Betrachtungen sind, so erscheint es doch unzulässig, aus denselben noch weitergehende Schlüsse im Sinne wesentlich anders gearteter Waldbehandlung zu ziehen, weil die mitgeteilten Zahlen nur beweisen, wie sich die Stämme bei der heute üblichen Behandlung entwickeln. Ob unter anderer Voraussetzung nicht bedeutende Verschiebungen in den Wachstumsleistungen der einzelnen Klassen eintreten können, ist eine Frage, deren Beantwortung erst möglich sein wird, wenn die Früchte der zahlreichen vergleichenden Untersuchungen, welche nunmehr nach exakter Methode eingeleitet sind, gereift sein werden.

____

V. Ausscheidung des Ertrages nach Sortimenten.

Wie in meinen Ertragstafeln für Kiefer und Fichte, so habe ich es für zweckmäfsig erachtet, auch für die Buche eine Ausscheidung des Ertrages nach Sortimenten vorzunehmen, um hierdurch für die Lösung verschiedener Fragen wenigstens einen Anhaltspunkt zu gewähren.

Während ich aber bei der Kiefer und Fichte den Schwerpunkt dieser Untersuchung in die Ermittlung des Nutzholzanfalles legte und als günstigsten Fall unterstellte, dafs alles Derbholz als Nutzholz verwertet werden könnte, was ja hier und da, annähernd wenigstens, wirklich erreicht wird, liegt bei der Buche die Sache ganz anders.

Hier mufs man von der Annahme ausgehen, dafs nur Brennholz verwertet werden kann. Die Nutzholzausbeute spielt bei dieser Holzart trotz einzelner ganz beachtenswerter Erfolge immerhin noch eine sehr untergeordnete Rolle, was am besten daraus hervorgeht, dafs z. B. im Regierungsbezirk Wiesbaden nur 2—3 % des Derbholzanfalles als Nutzholz absetzbar sind. Aber auch in anderen Gebieten, wo das Nutzholzprozent erheblich höher steht, ist doch der finanzielle Effekt häufig nur gering, wenn man den auf Festmeter umgerechneten Preis des Klobenholzes mit dem Durchschnittspreise des Festmeters Nutzholz vergleicht. Diese Verhältnisse werden bei den im nächsten Abschnitt anzustellenden Untersuchungen über die finanziellen Resultate der Buchenwirtschaft noch klarer hervortreten.

r

Die folgende Sortimentenertragstafel ist lediglich für ausschließlichen Brennholzanfall berechnet. Die Ausscheidung des Derbholzanfalles nach den beiden hier allein in Betracht kommenden Hauptsortimenten, Kloben und Knüppel, ist in der Weise erfolgt, dafs die Ergebnisse der Aufarbeitung des Probeholzes für die einzelnen Probeflächen nach Prozenten umgerechnet und letztere, auf den Mittendurchmesser der betreffenden Flächen bezogen, graphisch ausgeglichen wurden.

Der Anfall an Reisholz ist derartig ausgedrückt, dafs die Prozente angegeben sind, welche jeweils auf 1 Festmeter Derbholz entfallen.

Für den periodischen Abgang ist wegen der hier geringeren Formzahl die Quote des Anfalles an Knüppelholz bei gleichem Mittendurchmesser wie im Hauptbestand um 10 % erhöht worden.

Sortiments-Ertragstafel.

Tabelle VII.

	A. Hauptbestand								B. Periodischer Abgang						
Alter	Kloben		Knüppel		Sa. Derbholz	Reisig		Alter	Kloben		Knüppel		Sa. Derbholz	Reisig	
Jahre	%	fm	%	fm	fm	in %/0 des Derbholzes	fm	Jahre	%	fm	%	fm	fm	in %/0 des Derbholzes	fm

A. Mäfsige Durchforstung.

I. Bonität.

Alter	%	fm	%	fm	fm	%/0 D.	fm	Alter	%	fm	%	fm	fm	%/0 D.	fm
30	—	—	100	48	48	—	64	30	—	—	—	—	—	—	14
40	22	30	78	106	136	54	74	40	—	—	100	9	9	—	27
50	56	131	44	102	233	44	80	50	3	1	97	27	28	64	18
60	77	248	23	74	322	38	89	60	26	10	74	29	39	28	11
70	88	357	12	49	406	23	94	70	52	22	48	21	43	16	7
80	92	442	8	41	483	20	96	80	67	30	33	15	45	13	6
90	93	516	7	37	553	18	98	90	76	33	24	11	44	11	5
100	94	579	6	41	620	16	100	100	80	33	20	8	41	10	4
110	93	634	7	47	681	15	102	110	82	32	18	7	39	10	4
120	93	682	7	54	736	14	104	120	84	31	16	6	37	11	4
130	92	727	8	60	787	13	106	130	85	30	15	5	35	11	4
140	92	765	8	66	831	13	110	140	85	29	15	5	34	12	4

II. Bonität.

Alter	%	fm	%	fm	fm	%/0 D.	fm	Alter	%	fm	%	fm	fm	%/0 D.	fm
30	—	—	100	25	25	—	61	30	—	—	—	—	—	—	6
40	13	13	87	89	102	63	64	40	—	—	—	—	—	—	24
50	36	66	64	118	184	37	68	50	—	—	100	20	20	65	13
60	62	161	38	99	260	27	71	60	20	6	80	23	29	24	7

A. Hauptbestand								B. Periodischer Abgang							
Alter	Kloben		Knüppel		Sa. Derbholz	Reisig		Alter	Kloben		Knüppel		Sa. Derbholz	Reisig	
Jahre	%	fm	%	fm	fm	in % des Derbholzes	fm	Jahre	%	fm	%	fm	fm	in % des Derbholzes	fm
70	77	253	23	76	329	22	74	70	33	12	67	23	35	18	6
80	86	337	14	55	392	19	76	80	39	14	61	22	36	17	6
90	91	409	9	40	449	18	78	90	57	21	43	16	37	16	6
100	93	465	7	35	500	17	80	100	73	26	27	9	35	14	4
110	94	513	6	33	546	16	82	110	76	25	24	8	33	12	4
120	95	556	5	31	587	15	84	120	78	25	22	7	32	12	4
130	94	587	6	37	624	14	86	130	80	24	20	6	30	13	4
140	93	612	7	46	658	13	88	140	82	24	18	6	30	13	4

III. Bonität.

A. Hauptbestand								B. Periodischer Abgang							
Alter	Kloben		Knüppel		Sa. Derbholz	Reisig		Alter	Kloben		Knüppel		Sa. Derbholz	Reisig	
Jahre	%	fm	%	fm	fm	in % des Derbholzes	fm	Jahre	%	fm	%	fm	fm	in % des Derbholzes	fm
30	—	—	100	6	6	—	56	30	—	—	—	—	—	—	—
40	—	—	100	66	66	89	59	40	—	—	—	—	—	—	16
50	22	31	78	109	140	43	60	50	—	—	100	6	6	—	17
60	43	88	57	116	204	30	62	60	3	1	97	18	19	—	7
70	56	146	44	114	260	25	66	70	20	5	80	18	23	—	6
80	73	226	27	84	310	22	68	80	26	7	74	18	25	—	6
90	80	282	20	71	353	20	69	90	39	11	61	17	28	—	4
100	86	335	14	55	390	18	70	100	46	13	54	16	29	—	4
110	90	381	10	42	423	17	71	110	57	16	43	12	28	—	4
120	92	416	8	36	452	16	72	120	63	18	37	10	28	—	4
130	93	445	7	32	477	15	74	130	70	19	30	8	27	—	4
140	94	468	6	30	498	15	76	140	76	20	24	6	26	—	4

IV. Bonität.

A. Hauptbestand								B. Periodischer Abgang							
Alter	Kloben		Knüppel		Sa. Derbholz	Reisig		Alter	Kloben		Knüppel		Sa. Derbholz	Reisig	
Jahre	%	fm	%	fm	fm	in % des Derbholzes	fm	Jahre	%	fm	%	fm	fm	in % des Derbholzes	fm
30	—	—	—	—	—	—	41	30	—	—	—	—	—	—	—
40	—	—	100	45	45	98	44	40	—	—	—	—	—	—	11
50	13	13	87	88	101	46	46	50	—	—	—	—	—	—	15
60	30	46	70	107	153	34	52	60	—	—	—	7	7	—	12
70	43	86	57	113	199	28	55	70	—	—	100	14	14	—	6
80	56	133	44	104	237	24	57	80	12	2	88	13	15	—	6
90	62	166	38	101	267	22	59	90	26	4	74	13	17	—	6
100	73	212	27	78	290	21	60	100	33	7	67	13	20	—	4
110	77	239	23	71	310	20	60	110	39	8	61	12	20	—	4
120	83	272	17	56	328	19	61	120	49	9	51	10	19	—	2
130	86	296	14	48	344	18	62	130	57	10	43	8	18	—	2
140	88	315	12	43	358	18	63	140	67	11	33	5	16	—	2

V. Bonität.

A. Hauptbestand								B. Periodischer Abgang							
Alter	Kloben		Knüppel		Sa. Derbholz	Reisig		Alter	Kloben		Knüppel		Sa. Derbholz	Reisig	
Jahre	%	fm	%	fm	fm	in % des Derbholzes	fm	Jahre	%	fm	%	fm	fm	in % des Derbholzes	fm
30	—	—	—	—	—	—	—	30	—	—	—	—	—	—	—
40	—	—	100	28	28	—	31	40	—	—	—	—	—	—	3
50	—	—	100	65	65	63	41	50	—	—	—	—	—	—	9
60	13	14	87	93	107	41	44	60	—	—	—	—	—	—	12
70	22	31	78	112	143	32	45	70	—	—	—	—	—	—	13
80	36	61	64	108	169	28	47	80	—	—	100	5	5	—	9

Tabelle VII.

	A. Hauptbestand							B. Periodischer Abgang						
Alter	Kloben		Knüppel		Sa. Derbholz	Reisig		Alter	Kloben		Knüppel		Sa. Derbholz	Reisig	
Jahre	%	fm	%	fm	fm	in % des Derbholzes	fm	Jahre	%	fm	%	fm	fm	in % des Derbholzes	fm
90	43	80	57	107	187	26	49	90	3	—	97	9	9	—	5
100	49	98	51	102	200	25	50	100	12	1	88	9	10	—	4
110	56	117	44	92	209	24	51	110	20	2	80	9	11	—	4
120	62	133	38	82	215	24	52	120	26	3	74	9	12	—	4
130	67	148	33	73	221	23	52	130	39	4	61	6	10	—	3
140	72	160	28	65	225	23	53	140	46	5	54	5	10	—	2

B. Starke Durchforstung.

I. Bonität.

Alter	Kloben %	Kloben fm	Knüppel %	Knüppel fm	Sa. Derbholz fm	Reisig in %	Reisig fm	Alter	Kloben %	Kloben fm	Knüppel %	Knüppel fm	Sa. Derbholz fm	Reisig in %	Reisig fm
30	—	—	100	48	48	—	64	30	—	—	—	—	—	—	14
40	22	30	78	106	136	54	74	40	—	—	100	9	9	—	27
50	56	131	44	102	233	44	80	50	3	1	97	27	28	—	18
60	77	247	23	73	320	28	89	60	26	11	74	30	41	—	11
70	88	348	12	47	395	24	93	70	57	30	43	22	52	—	8
80	93	427	7	32	459	20	93	80	70	41	30	17	58	—	9
90	95	489	5	26	515	18	93	90	78	45	22	13	58	—	9
100	94	529	6	34	563	17	95	100	82	49	18	11	60	—	6
110	93	562	7	42	604	16	96	110	85	50	15	9	59	—	7
120	92	587	8	51	638	15	98	120	84	49	16	9	58	—	6
130	92	609	8	57	666	15	100	130	83	48	17	10	58	—	6
140	91	627	9	62	689	15	102	140	83	46	17	9	55	—	8

II. Bonität.

Alter	Kloben %	Kloben fm	Knüppel %	Knüppel fm	Sa. Derbholz fm	Reisig in %	Reisig fm	Alter	Kloben %	Kloben fm	Knüppel %	Knüppel fm	Sa. Derbholz fm	Reisig in %	Reisig fm
30	—	—	100	25	25	—	61	30	—	—	—	—	—	—	6
40	13	13	87	89	102	63	64	40	—	—	—	—	—	—	24
50	56	66	64	118	184	37	68	50	—	—	100	20	20	—	13
60	62	161	38	99	260	27	71	60	20	6	80	23	29	—	7
70	77	253	23	75	328	23	74	70	33	12	67	24	36	—	6
80	86	329	14	54	383	20	76	80	46	20	54	24	44	—	6
90	91	388	9	38	426	18	76	90	67	34	33	17	51	—	8
100	93	427	7	32	459	17	76	100	78	41	22	12	53	—	8
110	95	462	5	27	489	16	77	110	81	40	19	9	49	—	7
120	94	487	6	29	516	15	79	120	83	38	17	8	46	—	6
130	94	507	6	32	539	15	81	130	84	37	16	7	44	—	6
140	93	520	7	39	559	15	83	140	84	37	16	7	44	—	6

III. Bonität.

Alter	Kloben %	Kloben fm	Knüppel %	Knüppel fm	Sa. Derbholz fm	Reisig in %	Reisig fm	Alter	Kloben %	Kloben fm	Knüppel %	Knüppel fm	Sa. Derbholz fm	Reisig in %	Reisig fm
30	—	—	100	6	6	—	56	30	—	—	—	—	—	—	—
40	—	—	100	66	66	89	59	40	—	—	—	—	—	—	16
50	22	31	78	109	140	43	60	50	—	—	100	6	6	—	17
60	43	88	57	116	204	30	62	60	3	1	97	18	19	—	7
70	56	146	44	114	260	25	66	70	20	5	80	18	23	—	6
80	77	227	23	81	308	22	68	80	26	7	74	20	27	—	6

A. Hauptbestand								B. Periodischer Abgang							
Alter	Kloben		Knüppel		Sa. Derbholz	Reisig		Alter	Kloben		Knüppel		Sa. Derbholz	Reisig	
Jahre	%	fm	%	fm	fm	in % des Derbholzes	fm	Jahre	%	fm	%	fm	fm	in % des Derbholzes	fm
90	80	278	20	69	347	20	68	90	39	12	61	20	32	—	6
100	86	322	14	52	374	18	68	100	52	20	48	19	39	—	6
110	90	354	10	39	393	17	68	110	63	26	37	16	42	—	6
120	93	381	7	29	410	17	69	120	70	28	30	12	40	—	6
130	94	400	6	25	425	17	71	130	76	28	24	9	37	—	6
140	95	416	5	22	438	17	73	140	80	27	20	7	34	—	6

IV. Bonität.

Alter	Kloben		Knüppel		Sa. Derbholz	Reisig		Alter	Kloben		Knüppel		Sa. Derbholz	Reisig	
Jahre	%	fm	%	fm	fm	in % des Derbholzes	fm	Jahre	%	fm	%	fm	fm	in % des Derbholzes	fm
30	—	—	—	—	—	—	41	30	—	—	—	—	—	—	—
40	—	—	100	45	45	98	44	40	—	—	—	—	—	—	11
50	13	13	87	88	101	46	46	50	—	—	—	—	—	—	15
60	30	46	70	107	153	34	52	60	—	—	—	7	7	—	12
70	43	86	57	113	199	28	55	70	—	—	100	14	14	—	6
80	56	133	44	104	237	24	57	80	12	1	88	14	15	—	6
90	62	164	38	100	264	22	59	90	26	5	74	15	20	—	6
100	73	206	27	76	282	21	58	100	39	9	61	16	25	—	6
110	80	234	20	59	293	20	58	110	41	12	59	17	29	—	6
120	84	251	16	51	302	19	58	120	46	13	54	15	28	—	5
130	88	271	12	37	308	19	58	130	63	18	37	10	28	—	4
140	91	286	9	28	314	19	59	140	80	20	20	5	25	—	5

Um aber auch den Anfall an Nutzholz zu berücksichtigen, habe ich mich bemüht, festzustellen, wieviel Buchennutzholz sich unter günstigen Verhältnissen in gröfseren Gebieten ergiebt.

Durch eine Reihe von Anfragen, namentlich aber unter Benutzung der von Schumacher[1]) gesammelten Daten, bin ich zu der folgenden Tabelle gelangt, nach welcher in den älteren Beständen der besseren Bonitäten 15—20 % des Derbholzanfalles im mäfsig durchforsteten Bestand als Nutzholz ausgehalten werden sollen, im günstigsten Fall steigert sich dasselbe bis auf 24 %.

---

[1]) Schumacher, Die Buchennutzholz-Verwertung in Preufsen, Berlin 1888.

Nutzholzausbeute, bezogen auf die Derbholzmasse
des mäfsig durchforsteten Bestandes.

Alter	Bonität I		Bonität II		Bonität III		Bonität IV	
Jahre	%	fm	%	fm	%	fm	%	fm
60	2	6	—	—	—	—	—	—
70	5	20	2	7	—	—	—	—
80	8	39	5	20	2	6	—	—
90	10	55	8	31	3	11	—	—
100	12	74	11	55	5	20	—	—
110	15	102	14	82	8	34	1	3
120	18	132	16	94	11	50	2	7
130	21	165	18	112	13	62	4	14
140	24	200	20	132	15	75	5	18

Da im Durchforstungswege doch nur die zu Nutzholz un-
brauchbaren Individuen entnommen werden, so läfst sich annehmen, dafs im stark durchforsteten Bestande die Masse des
Nutzholzanfalles ebenso hoch sein wird, wie im mäfsig durchforsteten, die Prozentsätze stellen sich jedoch dort wegen des
geringeren Vorrates erheblich höher und betragen z. B. im
140jährigen Alter für I. Bonität 29 %, für II. Bonität 24%, für
III. Bonität 17% und für IV. Bonität 6%.

VI. Geldertragstafeln.

Obwohl die Geldertragstafeln, welche ich für Kiefer und Fichte aufgestellt habe, zu manchen Mifsverständnissen und, ich darf wohl sagen, auch zu manchem Mifsbrauch geführt haben, welche bei sachgemäfser Beurteilung der für jeden Fachmann klaren Verhältnisse ganz gut zu vermeiden gewesen wären, so habe ich mich doch nach reiflicher Überlegung dazu entschlossen, für die Buche ebenfalls solche zu entwickeln.

Mafsgebend war hierbei namentlich die Erwägung, dafs die Unzuträglichkeiten, welche sich bei der Kiefer und Fichte durch den verhältnismäfsig zu hohen Preis der schwächeren Sortimente für den Anfall gröfserer Massen ergeben, bei der Buche nach dem von mir hier angewandten Verfahren fast vollständig (d. h. bis auf das Reisholz) wegfallen; weiter kam aber noch in Betracht, dafs die vollständige Würdigung einer Wirtschaft nur auf Grund ihres finanziellen Effektes möglich ist, sowie dafs derartige Untersuchungen auch von vielen Seiten gewünscht und dankbar begrüfst werden.

Die unten folgenden Geldertragstafeln sind unter Voraussetzung starker Durchforstung und des oben mitgeteilten Nutzholzprozentes, sowie unter Zugrundlegung eines Zinsfufses von $2\,\%$ berechnet. Um jedoch die Grundlagen für die weiteren Erörterungen über die Rentabilität der Buchenwirtschaft zu gewinnen, habe ich aufserdem die Rechnung auch für mäfsige Durchforstung und für ausschliefsliche Brennholzproduktion immer je mit dem Zinsfufse von 2 und $3\,\%$ durchgeführt; von der Mitteilung dieser

— 96 —

sämtlichen Tabellen mußte jedoch mit Rücksicht auf die Raumersparnis abgesehen werden.

Was die Preise betrifft, welche bei der Berechnung benutzt wurden, so habe ich für das Brennholz im wesentlichen die Durchschnittspreise des Regierungsbezirks Wiesbaden benutzt und bin dabei zu folgenden erntekostenfreien Beträgen gelangt:

1 fm Kloben . . 7 Mark,
1 „ Knüppel . 3 „
1 „ Reisholz . 3 „

Für das Nutzholz konnten die Ergebnisse für Wiesbaden nicht zu Grunde gelegt werden, weil hier das Nutzholzprozent zu gering ist. Ich habe deshalb hier im Anschluß an die von Schumacher für den Regierungsbezirk Kassel im Jahre 1885 mitgeteilten Zahlen einen erntekostenfreien Durchschnittspreis von 10 Mk. pro Festmeter angenommen.

Diese Preise dürften demnach die günstigeren Verhältnisse des großen Durchschnittes im westdeutschen Buchengebiete darstellen, werden aber in einzelnen Gegenden, z. B. an der Weser, in Schleswig-Holstein, allerdings noch übertroffen.

Tabelle VIII.

Alter	Erntekostenfreier Wert des Hauptbestandes	Erntekostenfreier Wert des periodischen Abganges	Jetztwert des gesamten bisherigen periodischen Abganges	Hauptbestand und Jetztwert des periodischen Abganges		Wertzuwachs			
				gesamter Wert	Jetztwert des periodischen Abganges in % des Gesamtwertes	durchschnittlich jährlicher		laufend jährlicher	
						des Hauptbestandes	des gesamten Geldertrages	des gesamten Geldertrages (Wert des Hauptbestandes und prolongierter Wert der bisherigen Vornutzungen)	
Jahre	Mark				%	Mark		Mark	%
30	336	42	42	378	12	11	13	—	—
40	750	108	159	909	17	19	23	53	8,2
50	1 463	142	336	1 799	19	29	36	89	6,6
60	2 233	200	610	2 843	21	37	47	104	4,5
70	2 916	300	1 044	3 960	26	42	57	112	3,3
80	3 481	365	1 634	5 115	32	43	64	115	2,5
90	3 945	381	2 370	6 315	38	44	70	120	2,1
100	4 312	394	3 285	7 597	43	43	76	128	1,8
110	4 654	398	4 400	9 054	49	42	82	146	1,8
120	4 952	388	5 756	10 708	54	41	89	165	1,7
130	5 229	384	7 411	12 640	59	40	97	193	1,7
140	5 481	373	9 413	14 894	63	39	106	225	1,6

I. Bonität.

Alter	Erntekostenfreier Wert des Hauptbestandes	Erntekostenfreier Wert des periodischen Abganges	Jetztwert des gesamten bisherigen periodischen Abganges	Hauptbestand und Jetztwert des periodischen Abganges		Wertzuwachs			
				gesamter Wert	Jetztwert des periodischen Abganges in % des Gesamtwertes	durchschnittlich jährlicher		laufend jährlicher	
						des Hauptbestandes	des gesamten Geldertrages	des gesamten Geldertrages (Wert des Hauptbestandes und prolongierter Wert der bisherigen Vornutzungen)	
Jahre	Mark				%	Mark		Mark	%
				II. Bonität.					
30	258	18	18	276	6	9	9	—	—
40	550	72	94	644	15	14	16	37	8,0
50	1020	99	214	1 234	17	20	25	59	6,3
60	1637	132	393	2 030	19	27	34	80	4,9
70	2239	174	653	2 892	23	32	41	86	3,5
80	2753	230	1027	3 780	27	34	47	89	2,7
90	3151	313	1570	4 721	33	35	52	94	2,2
100	3478	347	2262	5 740	39	35	57	102	1,9
110	3792	328	3085	6 877	45	34	62	114	1,8
120	4015	308	4066	8 081	50	33	67	120	1,6
130	4224	298	5263	9 487	55	32	73	141	1,6
140	4402	298	6715	11 117	60	31	79	163	1,6
				III. Bonität.					
30	186	—	—	186	—	6	6	—	—
40	375	48	48	423	11	9	11	24	7,9
50	724	69	127	851	15	14	17	43	6,8
60	1150	82	237	1 387	17	19	23	54	4,8
70	1562	107	396	1 958	20	22	28	57	3,4
80	2054	127	610	2 664	23	26	33	61	2,6
90	2390	162	906	3 296	27	27	37	63	2,1
100	2674	215	1320	3 994	33	27	40	70	1,9
110	2901	248	1858	4 759	39	26	43	76	1,7
120	3111	250	2519	5 630	45	26	47	87	1,7
130	3274	241	3315	6 589	50	25	51	96	1,6
140	3422	228	4260	7 682	55	24	55	109	1,5
				IV. Bonität.					
30	123	—	—	123	—	4	4	—	—
40	267	33	33	300	11	7	7	18	8,5
50	493	45	85	578	15	10	12	28	6,4
60	799	57	161	960	17	13	16	38	4,9
70	1106	60	256	1 362	19	16	19	40	3,4
80	1414	67	379	1 793	21	18	22	43	2,7
90	1625	98	560	2 185	26	18	24	45	2,3
100	1844	129	812	2 656	30	18	26	47	1,9
110	1998	153	1144	3 142	36	18	28	49	1,7
120	2105	151	1542	3 647	42	17	30	50	1,5
130	2224	168	2047	4 271	48	17	33	62	1,6
140	2317	170	2671	4 988	53	17	36	72	1,5

Alter	Erntekostenfreier Wert des Hauptbestandes	Erntekostenfreier Wert des periodischen Abganges	Jetztwert des gesamten bisherigen periodischen Abganges	Hauptbestand und Jetztwert des periodischen Abganges		Wertzuwachs		
						durchschnittlich jährlicher		laufend jährlicher
				gesamter Wert	Jetztwert des periodischen Abganges in % des Gesamtwertes	des Hauptbestandes	des gesamten Geldertrages	des gesamten Geldertrages (Wert des Hauptbestandes und prolongierter Wert der bisherigen Vornutzungen)
Jahre	Mark				%	Mark		Mark	%

V. Bonität.

Alter	Erntekostenfr. Wert Hauptbest.	Erntekostenfr. Wert period. Abg.	Jetztwert ges. bish. Abg.	gesamter Wert	%	des Hauptbest.	des ges. Geldertr.	Mark	%
30	—	—	—	—	—	—	—	—	—
40	177	9	9	186	5	4	5	—	—
50	318	27	38	356	11	6	7	17	6,3
60	509	36	82	591	14	8	10	23	4,9
70	688	39	139	827	17	10	12	24	3,4
80	892	42	211	1103	19	11	14	28	2,9
90	1028	42	299	1327	22	11	15	22	1,8
100	1142	46	411	1553	26	11	15	23	1,6
110	1248	53	554	1802	31	11	16	25	1,5
120	1333	60	736	2069	36	11	17	27	1,4
130	1411	55	953	2364	40	11	18	29	1,3
140	1474	56	1219	2693	45	10	19	33	1,3

Um die weiteren Erörterungen einheitlicher zu gestalten, mögen hier zunächst erst vorher noch die Bodenerwartungswerte folgen, welche sich unter den verschiedenen Voraussetzungen ergeben, wenn die Verwaltungskosten zu 7 Mk.[1]) und die Kulturkosten zu 20 Mk. pro Hektar angenommen werden.

1) bei 2% Zinzeszinsen:

		Bonität I	II	III	IV	V
Be_{60}	a) mäfsige D.	866 M.	510 M.	236 M.	50 M.	—111 M.
	b) starke D.	875 „	519 „	237 „	50 „	—
Be_{80}	a) mäfsige D.	935 „	602 „	316 „	94 „	—86 „
	b) starke D.	950 „	605 „	317 „	94 „	—
Be_{100}	a) mäfsige D.	823 „	538 „	270 „	57 „	—122 „
	b) starke D.	846 „	548 „	269 „	55 „	—
Be_{120}	a) mäfsige D.	683 „	430 „	198 „	3 „	—159 „
	b) starke D.	722 „	454 „	204 „	2 „	—
Be_{140}	a) mäfsige D.	562 „	328 „	126 „	—47 „	—190 „
	b) starke D.	623 „	372 „	142 „	—47 „	—

---

[1]) Nach den Angaben von Hagen-Donner, Die forstlichen Verhältnisse Preufsens, 2. Bd. Tab. 46b.

2) bei 3 %/0 Zinseszinsen:

		Bonität I	II	III	IV	V
Be_{60}	a) mäfsige D.	342 M.	170 M.	35 M.	—54 M.	—134 M.
	b) starke D.	342 „	170 „	—	—	—
Be_{80}	a) mäfsige D.	311 „	164 „	47 „	—58 „	—134 „
	b) starke D.	317 „	163 „	—	—	—
Be_{100}	a) mäfsige D.	217 „	99 „	—10 „	—91 „	—160 „
	b) starke D.	230 „	103 „	—	—	—
Be_{120}	a) mäfsige D.	138 „	37 „	—53 „	—122 „	—180 „
	b) starke D.	161 „	49 „	—	—	—
Be_{140}	a) mäfsige D.	79 „	—10 „	—88 „	—146 „	—194 „
	b) starke D.	110 „	8 „	—	—	—

Diese Bodenerwartungswerte sind zwar unter Annahme der oben mitgeteilten Nutzholzprozente berechnet, allein die Nutzholzausbeute vermag bei dem angenommenen Verhältnis der Nutzholz- und Brennholzpreise die Resultate der Wirtschaft nur wenig zu beeinflussen, wie dieses ein Beispiel näher darthun wird. Es beträgt im Alter von 120 Jahren bei starker Durchforstung und 2 %/0 Zinseszins:

Der Gesamtwert des Hauptbestandes und der prolongierten Vornutzungen:

	für Nutzholzausbeute	für reine Brennholzwirtschaft
Bonität I	10 708 M.	10 312 M.
„ II	8 081 „	7 799 „
„ III	5 630 „	5 480 „
„ IV	3 647 „	3 626 „

Der Bodenerwartungswert:

	für Nutzholzausbeute	für reine Brennholzwirtschaft
Bonität I	722 M.	682 M.
„ II	454 „	425 „
„ III	204 „	189 „
„ IV	2 „	—

In solchen Waldgebieten, in welchen das Buchenbrennholz sehr geringe, das Nutzholz aber verhältnismäfsig hohe Preise hat, ändert sich zwar dieses Verhältnis, aber die Unterschiede werden immerhin doch nur gering sein und jedenfalls das Endergebnis wegen des überwiegenden Einflusses der prolongierten Durchforstungserträge nicht wesentlich beeinflussen.

Borggreve hatte demnach sehr recht, wenn er auf der deutschen Forstversammlung in München 1888 darauf hinwies, dafs die Rentabilität unserer Buchenwaldungen nur dann gehoben werden könne, wenn es gelänge, neue Massenverbrauchsartikel zu finden[1]). Die jetzt üblichen Verwendungsweisen liefern ja für einzelne Reviere ganz günstige Resultate, für die grofse Masse der deutschen Buchenwaldungen bedeutet der Nutzholzabsatz bei den heutigen Preisen, welche eine sehr erhebliche Steigerung leider kaum erwarten lassen, immerhin noch recht wenig!

Ungleich wichtiger für den finanziellen Effekt der Buchenwirtschaft als der Nutzholzabsatz ist unter den gegenwärtigen Verhältnissen ein sorgfältiger Durchforstungsbetrieb.

Wie Tabelle VII ersehen lässt, beziffern die prolongierten Werte der Durchforstungserträge im 120jährigen Alter bei starker Durchforstung 45—50 %, im 140jährigen Alter 55—60 % des Wertes des Abtriebsertrages selbst unter Voraussetzung günstiger Absatzverhältnisse für letzteren und bei einer Verzinsung von nur 2 %; bei 3 % steigert sich dieser Anteil bis auf 70 %!

Die Betrachtung der Bodenerwartungswerte zeigt aber aufserdem noch mit voller Beweiskraft, um wieviel günstiger sich die Ergebnisse des starken Durchforstungsbetriebes gegenüber jenem der ausschliefslich mäfsig geführten Durchforstungen stellen. Das Übergewicht der ersteren tritt in den späteren Altersstufen und bei höherem Zinsfufs natürlich schärfer hervor, als in den jüngeren Altersstufen und bei niedrigem Zinsfufs. Auf den geringen Bonitäten, wo die starke Durchforstung erst spät und nur in beschränktem Umfange Platz greifen kann, ist ihre Bedeutung mit weniger bemerklich, als auf den besseren Bonitäten.

Für die starke Durchforstung spricht aber neben der höheren Rentabilität noch ein weiteres sehr gewichtiges, waldbauliches Moment.

Wie die Wanderung durch die deutschen Buchengebiete zeigt, werden bei vorwiegend nur im mäfsigen Grade geübtem Durchforstungsbetrieb beim Eintritt reicher Mastjahre gar häufig noch die Bestände ohne weitere Vorbereitung sofort aus dem

---

[1]) Bericht über die XVII. Versammlung deutscher Forstmänner in München 1888. Berlin 1889. S. 83.

fast vollen Schlufs in den Samenschlag übergeführt. Der Erfolg dieser Mafsregel besteht nun leider nicht selten darin, dafs die im ersten Jahre anscheinend recht gut gelungene Mast nach kurzer Zeit wieder gröfstenteils verschwindet, weil die angehäuften Rohhumusmassen der Entwicklung der jungen Buche äufserst ungünstig sind. Wird dagegen durch allmählich immer mehr verstärkte Durchforstungen die Ansammlung von Rohhumus verhindert, so hat der Wirtschafter beim Eintritt von Mastjahren viel freiere Hand und, was noch wichtiger ist, mit möglichst wenig Kosten einen sicheren Erfolg!

Die Folgerungen, welche sich bezüglich der zweckmäfsigsten Bestandespflege aus den Untersuchungen über den Wachstumsgang ergeben, lassen sich demnach kurz in nachstehendem Satze zusammenfassen: Im Stangenholzalter Pflege der Stämme des späteren Haubarkeitsbestandes und mäfsige Durchforstung im Füllbestand, vom Baumholzalter ab dagegen kräftige Durchforstung!

Die Kulmination des Bodenerwartungswertes tritt bei 2% Zinseszinsen in dem Alter von 80—90, bei 3% in jenem von 60—70 Jahren ein.

Die weitere Untersuchung darüber, ob und wieweit Lichtungshiebe in höheren Altersstufen das Ergebnis der Wirtschaft beeinflussen und die hieraus abzuleitenden Folgerungen über die vorteilhafteste Umtriebszeit gehören nicht mehr in den Rahmen der vorliegenden Arbeit.

Zu sehr hohen Umtriebszeiten gelangt man, wenn das Maximum des Waldreinertrages bezw. des mit ihm bezüglich dieser Frage fast vollständig übereinstimmenden Waldrohertrages für die Bestimmung des Abtriebsalters als mafsgebend angenommen wird.

Gemäss Tabelle IX, welche für die betreffenden Umtriebszeiten die Werte von: $A_u + D_a + D_b + \ldots$ enthält, tritt das Maximum des durchschnittlich-jährlichen Wertzuwachses erst im Alter von 130—140 Jahren, für die geringeren Bonitäten sogar noch um 10—20 Jahre später ein.

Tabelle IX.

Alter (Jahre)	Erntekostenfreier Wert des Hauptbestandes	des gesamten bisherigen periodischen Abganges	des Hauptbestandes und bisherigen periodischen Abganges	Wertzuwachs des Hauptbestandes und periodischen Abganges durchschnittlich jährlicher	laufend jährlicher
		Mark			
I. Bonität.					
30	336	42	378	13	—
40	750	150	900	22	52
50	1463	292	1755	35	85
60	2233	492	2725	45	97
70	2916	792	3708	53	98
80	3481	1157	4638	58	93
90	3945	1538	5483	61	84
100	4312	1932	6244	62	76
110	4654	2330	6984	63	74
120	4952	2718	7670	64	69
130	5229	3102	8331	64	66
140	5481	3475	8956	64	62
II. Bonität.					
30	258	18	276	9	—
40	550	90	640	16	36
50	1020	189	1209	24	57
60	1637	321	1958	33	75
70	2239	495	2734	39	78
80	2753	725	3478	43	74
90	3151	1038	4189	46	71
100	3478	1385	4863	49	67
110	3792	1713	5505	50	64
120	4015	2021	6036	50	53
130	4224	2319	6543	50	51
140	4402	2617	7019	50	48
III. Bonität.					
30	186	—	186	6	—
40	375	48	423	11	24
50	724	117	841	17	42
60	1150	199	1349	22	51
70	1562	306	1868	27	52
80	2054	433	2487	31	62
90	2390	595	2985	33	50
100	2674	810	3484	35	50
110	2901	1058	3959	36	47
120	3111	1308	4419	37	46
130	3274	1549	4823	37	40
140	3422	1777	5199	37	38

Alter (Jahre)	Erntekostenfreier Wert des Hauptbestandes	des gesamten bisherigen periodischen Abganges	des Hauptbestandes und bisherigen periodischen Abganges	Wertzuwachs des Hauptbestandes und periodischen Abganges durchschnittlich jährlicher	laufend jährlicher
		Mark			
IV. Bonität.					
30	123	—	123	4	—
40	267	33	300	7	18
50	493	78	571	11	27
60	799	135	934	16	36
70	1106	195	1301	19	37
80	1414	262	1676	21	37
90	1625	360	1985	22	31
100	1844	489	2333	23	35
110	1998	642	2640	24	31
120	2105	793	2898	24	26
130	2224	961	3185	24	29
140	2317	1131	3448	25	26
V. Bonität.					
40	177	9	186	5	—
50	318	36	354	7	17
60	509	72	581	10	23
70	688	111	799	11	22
80	892	153	1045	13	25
90	1028	195	1223	14	18
100	1142	241	1383	14	16
110	1248	294	1542	14	16
120	1333	354	1687	14	14
130	1411	409	1820	14	13
140	1474	465	1939	14	12

Trotz der günstigsten Annahmen ergiebt sich ein recht wenig erfreuliches Bild, wenn man die Rentabilität der Buchenwirtschaft im allgemeinen und namentlich jene auf den geringeren Bonitäten untersucht.

Die auf S. 98 u. 99 mitgeteilten Bodenerwartungswerte zeigen, daſs der Buchenhochwaldbetrieb auf Standorten V. Bonität unter allen Umständen, auf jenen IV. Bonität aber wenigstens bei Umtrieben über 100 Jahr die reine Verlustwirtschaft darstellt, indem sich hierbei nur negative Bodenverwertungswerte berechnen.

Übergang zum Nadelholz (unter Belassung der Buche als Unterholz oder Zwischenholz) erscheinen demnach auf diesen Standorten bei den heutzutage an die Forstwirtschaft zu stellenden Anforderungen als unbedingt geboten.

Allein auch auf den besseren Bonitäten gestaltet sich das Ergebnis für die Buchenwirtschaft recht ungünstig, wenn man deren Rentabilität mit jener von Kiefern- oder Fichtenwaldungen vergleicht.

Es beträgt nämlich z. B. im 120jährigen Alter für I. Bonität:

	Der Wert des Hauptbestandes	des Gesamtertrages
bei der Buche	4952 M.	10708 M.
„ „ Fichte[1])	17063	25560
„ „ Kiefer[1])	8085	12756

Die Bodenerwartungswerte berechnen sich für diese Holzarten bei 2 % folgendermaſsen:

	I. Bonität		II. Bonität		III. Bonität	
	Maximum	Alter 120	Maximum	Alter 120	Maximum	Alter 120
bei der Buche	950	722	605	454	317	204
„ „ Fichte[1])	3741	2376	2350	1580	1338	1019
„ „ Kiefer[1])	1320	938	982	688	634	429

---

[1]) Die Ziffern für Fichte und Kiefer sind meinen Schriften: „Wachstum und Ertrag normaler Kiefernbestände“ und „Wachstum und Ertrag normaler Fichtenbestände“ entnommen; ich habe dieselben jedoch um 20 % vermindert, weil sie unter der Voraussetzung berechnet waren, daſs alles Derbholz als Nutzholz verwertet werden könne, während bei der Buche andere Annahmen gemacht worden waren. Auf diese Weise dürfte nun, wenigstens annähernd, eine Vergleichbarkeit der einzelnen Gröſsen erzielt worden sein.

Die Buche bleibt demnach mit ihren finanziellen Ergebnissen hinter jenen der beiden anderen Hauptholzarten weit zurück, am auffallendsten ist der Unterschied zwischen Buche und Fichte, welche sich doch bezüglich ihrer Ansprüche an den Standort relativ am nächsten stehen.

Ohne auf wirtschaftliche Erörterungen weiter einzugehen, glaube ich doch aus diesen Untersuchungen den Schluſs ziehen zu müssen, daſs heutzutage die reine Buchenwirtschaft auch auf den besseren Standorten keine Berechtigung mehr hat, sondern daſs eine reichliche Mischung mit Eiche, Esche, Ahorn auf den besten, und mit Fichte oder Kiefer auf den mittleren Standorten die unumgängliche Voraussetzung für eine rationelle und intensive Forstwirtschaft bildet.

Diese Forderungen sind ja keineswegs neu; R. Hartig ist bereits vor 25 Jahren bei seinen Untersuchungen[1]) zu den gleichen Ergebnissen gelangt, verschiedene Forstversammlungen und zahlreiche litterarische Arbeiten haben sich inzwischen mit demselben Thema beschäftigt, aber es erscheint doch nützlich, durch die Nebeneinanderstellung der betreffenden Ziffern die Notwendigkeit einer entsprechenden Änderung unserer Wirtschaft immer wieder vor die Augen zu führen.

In der Praxis sind wir trotz der theoretischen Überzeugung von der Notwendigkeit der Nutzholzbeimischung noch immer viel zu sehr von der Schönheit einer wohlgelungenen Buchenverjüngung entzückt und bemüht, möglichst viel Fläche für die Buche zu retten, anstatt von vornherein ausgiebig für Nutzholzbeimischung zu sorgen. Wenn man von der Eiche absieht, bei welcher sich die Überzeugung von der Notwendigkeit des Anbaues vor oder doch wenigstens gleichzeitig mit der Verjüngung des Buchenbestandes immer mehr Bahn bricht, dienen die Nutzholzarten leider noch viel zu sehr als bloſse Lückenbüſser!

---

[1]) R. Hartig, Die Rentabilität der Fichtennutzholz- und Buchenbrennholzwirtschaft, Stuttgart 1868.